건축이 궁금한 너에게

인천대학교 도시건축학부 **김태완** 교수
건설기술교육원 **박경모** 교수

서해원

머리말

건축이라고 하면 어떤 모습이 떠오르니? 커다란 건물을 짓는 기술일까? 아니면 멋진 디자인 기술? 다 맞는 말이긴 하지만, 그보다 더 중요한 건 사람이 편안하고 안전하게 살아갈 수 있는 공간을 만드는 일이라는 거야. 호랑이는 죽어서 가죽을 남기지만 건축은 사람들이 살아가고 일을 할 수 있는 공간을 남긴단다.

학교, 집, 사무실, 병원 등 다양한 건축물이 제공하는 공간에서 우리는 하루 시간의 90퍼센트 정도를 보낸다고 해. 그만큼 건축은 우리 삶과 아주 가까이 있고, 사람들의 생활, 건강, 일에 큰 영향을 끼쳐. 정말 가치있는 일이지 않니?

우리는 대학에서 오랫동안 학생들을 가르치면서 이런 질문을 자주 받았어.
"교수님, 건축이 뭐예요?"
"건축 분야에서 진로를 어떻게 만들어 가야 해요?"

이 질문 속에는 단순한 호기심만이 아니라, '나도 건축을 해보고 싶은데, 어디서부터 시작해야 하지?' 하는 진지한 고민이 담겨 있었어. 그래서 이 책을 썼단다. 건축이 궁금한 너에게, 너의 물음에 답을 해주기 위해서 말이야.

이 책은 총 일곱 개의 이야기로 이루어져 있어. 처음에는 건설산업은 어떻게 돌아가고 우리 사회에 어떤 영향을 주고 있는지, 건축 프로젝트 단계별 어떤 일이 일어나는지 알려주려고 했어. 그 다음에는 건축 프로젝트가 어떻게 시작되는지, 그리고 건축 전문가들이 해야 하는 역할이 무엇인지 설명하려고 했지. 건축을 처음 배우는 학생이라면, '건축이 이렇게 움직이는구나!' 하고 감이 잡힐 거야.

여기까지는 건축 전반에 대한 개괄적인 설명이었다면 그 다음 부터는 건축이 궁금한, 그리고 미래 건축 전문가가 될 너를 위한 얘기를 하려고 했단다.

미래의 건축 건축가는 어떤 모습일까? 요즘 건설산업은 인공지능, BIM, 드론, 로봇, 모듈러 건축 같은 기술들을 통해 확실히 변하고 있어. 예전에는 종이에 도면을 그리고 현장에서 손으로 시공했지만, 이제는 컴퓨터 속 가상공간에서 설계하고, 로봇이 정밀하게 조립하는 시대야. 그래서 이 책을 통해 우리는 네게 건축의 미래를 바꿀 새로운 기술들을 소개하고, 네가 건축 분야별 커리어를 어떻게 개발해 나가고 전문가로 성장하기 위해 어떤 지식과 기술이 필요한지, 이를 통해 어떻게 전문가로 성장할 수 있을지에 대한 답을 하려고 했어.

건축은 생각보다 훨씬 넓고 멋진 분야야. 이 책이 네가 건축을 조금 더 가깝게 느끼게 해주고 "나도 언젠가 이런 건축을 해보고 싶다"는 마음이 들게 만든다면, 그게 바로 우리가 이 책을 통해 너에게 가장 해주고 싶었던 말이야.

2025년 가을

김태완, 박경모 드림

차례

contents

차례

contents

SECTION 7

미래 건축 전문가로 성장하려면 어떻게 해야 하나?

제 1 장

건설산업은 어떻게 돌아가는가?

건설산업의 규모는 어떻게 되고, 어떤 자격증을 가진 사람들이 모여서 일을 하는지 알고 있니? 우리 사회에 미치는 영향이 큰 만큼 관련된 법규와 제도들도 많아. 건설산업에 대한 전반적인 이해를 높여보자.

1

SECTION

건설산업의 정의 및 특징

건설산업이라 하면 어떤 생각이 드니? 너무나 크고 복잡하고 웅장하다는 생각부터 들거야. 지금부터 건설산업이 무엇인지 하나씩 쉽게 생각해 볼까?

우선 건설의 정의를 생각해 보면 건설은 "건물이나 구조물을 지어서 세우는 것"을 의미하고, 산업은 "인간의 생활을 경제적으로 풍요롭게 하기 위한 생산과정"이라고 생각해 볼 수 있단다. 이 두 의미를 합쳐서 생각해 본다면 건설산업은 "건물을 세워서 인간의 삶을 안정적으로 영위하기 위한 것"이라고 생각해 볼 수 있겠지. 우리 삶에 있어서 얼마나 중요한 산업인지 이해가 되겠지?

특히 우리나라는 1950년 6월 25일 한국전쟁 이후로 폐허가 된 국토의 기반시설 및 주택건설 등의 다양한 투자를 통해 건설산업의 성장을 이뤄왔단다. 그리고 건설투자가 국민총생산(GDP)에서 차지하는 비중은 15%에 육박해. 시대의 발전과 미래의 통일 한국까지 상상해 본다면 건설산업이 국가 경제에 미치는 영향은 아주 지대하다고 할 수 있어.

건설산업은 크게 건설업과 건설용역업을 생각해 볼 수 있어. 그리고 건설업은 다시 건설과정의 종합적인 공사관리 및 시공업무를 하는 종합공사와 철근, 콘크리트, 가설 같은 시설물의 일부 공사만 시공하는 전문공사로 구분할 수 있지. 건설용역업은 조사, 설계, 감리, 사업관리, 유지관리 등을 포함해. 그 외에도 전기공사, 정보통신공사, 소방시설공사, 국가유산수리공사가 건설산업에 포함된단다.

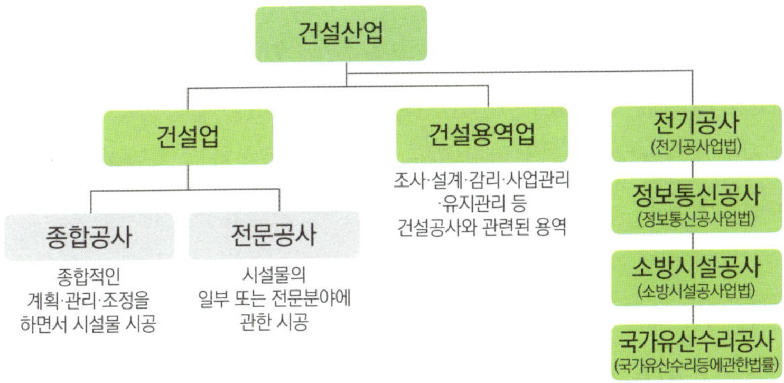

※ 출처: 건설사업기본법제2조(정의)

산업의 규모도 상당해서 우리나라에서 연간 300조 정도의 돈이 건설공사에 쓰이고 있어. 건축공사가 대략 3분의 2 정도 되고, 나머지의 절반은 토목공사, 그리고 절반은 산업설비와 조경공사 비용으로 쓰이고 있지.

건설산업은 타산업과는 구분되는 고유한 특징들이 있는데, 미래 건축 전문가라면 이러한 특징들을 잘 이해해야 해.

첫째, 건설 과정은 자연에 노출되어 있는 경우가 많아. 건설산업은 인위적 통제가 불가능한 자연적, 물리적 영향을 직접적으로 받고, 이러한 점이 건축 품질과 안전, 비용 등에 영향을 크게 줄 수 있지. 생산과정의 대부분이 노동 의존적이어서 이런 환경에서 일할 수 있는 양질의 노동력 확보는 건설산업의 성공에 있어 매우 중요해.

둘째, 건축 프로젝트를 수행하기 위한 투입자본이 아주 크단다. 공장과 건물, 주택, 아파트와 같이 생산하는 제품의 크기가 크고 많은 재료가 투입되기 때문에 재료비는 물론 노동자와 기술인력, 기자재와 중장비 등 비용이 많이 들어가. 커튼월 같이 공장에서 제작한 부재들도 점차 많아지면서 운송비도 많이 발생하기도 한단다. 어느 조사에 따르면 도로를 점유하는 자동차의 30%가 건설현장에서 나오거나 들어가는 차량이라고 하니 어마어마하지?

셋째, 개별 수주산업이면서 부분적 조립산업이야. 즉, 도급과 하도급에 의한 분업 생산을 전제로 분야별로 전문화되어 있고, 생산과정도 동시 다발적으로 이루어져. 그러니까 분업 간의 정보 공유와 통합이 전체 프로젝트의 생산성에 크게 영향을 미친단다. 하나의 건설 현장에서 일하는 사람들을 잘 보면 서로 다른 회사 사람들이야. 다들 전문 분야가 달라서 이들이 하는 일들을 잘 통합해야 좋은 건축물이 나오는 거란다.

넷째, 건설산업은 전반적인 경기 동향과 발주자의 여건에 매우 민감한 반응을 보인단다. 그래서 건축 전문가는 건설 경기와 발주자 여건에 직·간접적으로 영향을 미치는 상황을 늘 염두에 두고 있어야 해. 정치, 환경,

그리고 정부의 정책 변화에 따라 발생할 수 있는 리스크들을 생각하고 여기에 빠르게 대응하고 준비할 수 있어야 해. 특히 건설생산 기간이 길기 때문에 계획, 설계, 시공 과정에서 직면하는 단기적 리스크는 물론 시간 경과에 따라 건축물이 경험하게 될 불확실한 미래를 장기적 관점에서 예측하는 능력도 필요하단다.

다섯째, 사용되는 기술이 아주 광범위해. 전통 재래기술에서부터 값비싼 장비를 활용하는 첨단 공법까지 광범위한 기술이 건설 과정에 도입되지. 구조적으로 건축물을 안정성 있게 계획하고 짓는 기술, 새로운 건축재료 기술, 건물의 냉난방과 친환경 에너지 절약 기술, 안전과 재난 대비 기술, 무거운 구조물을 들어올리는 양중 기술, 이제 서비스 로봇의 활동을 지원하는 기술까지 정말 다양한 기술의 집약체가 바로 건축물이야.

건설산업은 첨단산업이라 불리기에는 거리가 좀 있지만, 기회가 아주 많은 산업이란다. 여전히 데이터센터, 복합시설물, 대형 쇼핑몰이나 교통시설 등 더 좋은 인프라를 위한 수요가 꾸준해. 그리고 정부는 투자 활성화를 통한 경제성장 전략을 추구하게 마련이니까 기복은 있을 수 있지만 건설시장이 축소되기는 어렵단다. 그래서 지속적인 수요에 안정적이고 효과적으로 대응하기 위해 건축 전문가는 인공지능, 로봇, 정보화, 자동화, 기계화와 같은 새로운 기술을 끊임없이 적용하기 위한 노력을 기울여야 하는 거야.

우리 사회에 미치는 영향

건설산업이 우리 사회에 미치는 영향을 이해하기 위해서는 산업의 파급효과에 대한 이해를 할 필요가 있어. 산업 파급효과란 한 산업의 변화가 다른 산업과 경제 전체에 미치는 영향을 의미하는데, 건설산업은 그 규모가 크고 광범위한 기술을 적용하는 종합산업이다 보니 자재, 장비, 인력 등을 통해 제조업 등 다른 산업에 고용 창출과 생산 유발 효과를 발생시킨단다.

구체적으로 건설산업의 산출액 10억 원당 취업자 유발인원은 10.8명인데 제조업 평균인 6.5명 보다 4.3명이나 더 많아서 고용 창출에 대한 효과가 아주 크단다.[1] 2020년 기준 건설산업의 총산출액 281조 1,970억 원에 의한 연관 산업의 취업 유발인원은 126만 3,433명이야. 특히 제조업 취업 유발인원은 33만 8,600명에 이르는데, 이 숫자는 제조업 전체 취업자의 10.4%에 달한단다. 이처럼 건설산업이 제조업 고용에 얼마나 크게 영향력을 미치고 있는지 알 수 있겠지.

그리고 건설공사 과정에서 사용되는 주요 자재인 철근, 시멘트, 콘크리트, 전기, 통신, 설비, 건설장비 등 수 많은 자재와 장비들이 사용됨으로써 연관된 산업에의 생산유발 효과도 아주 크지. 시멘트, 콘크리트, 철근 등의 약 80% 정도, 그리고 목재, 목제품의 70% 정도가 건설공사에 중간재료로 사용이 된다니 얼마나 제조업과 밀접한 관계를 맺고 있는지 이해가 되겠지?

1) 건설활동이 제조업에 미치는 파급효과 분석, 산업경제분석, 산업연구원, 2025.01.15

하지만 최근 2022년 9월 "레고랜드 사태" 이후 건설경기가 장기적인 침체에 빠지면서 건설산업 투자가 위축되고, 이로 인해 제조업 및 타산업으로까지 부정적인 영향을 미치고 있어. 최근의 건설경기 침체로 향후 몇 년간 우리 경제의 잠재성장률도 2% 미만으로 예측이 되고 있지. 건설산업이 우리 경제에 얼마나 큰 영향을 미치고 있는지 공감이 될거야.

건설산업은 우리나라 경제에 커다란 영향을 끼치지만, 동시에 변동성이라는 것이 있다는 점을 간과해서는 안돼. 즉, 침체기가 있다면 회복기가 있고 호황기가 있다는 말이지. 반대로도 마찬가지이고 말이야.

이러한 변동성이 우리 경제에 부담이 되기도 해. 예를 들어 주택 수요가 많아지면 가격이 상승하게 되고 건설회사들은 주택 공급을 늘이기 위해서 투자가 늘어나게 마련이야. 그런데 아파트 같은 공동주택의 평균 건설 기간은 2년에서 3년 정도이잖아? 이렇게 공급한 주택이 모두 분양이 되면 문제가 없지만, 그 기간에 산업경기 변화 및 소비심리 등의 변화로 수요량이 감소하게 되면 건설산업은 어려움을 겪을 수 있어.

건설산업은 네트워크 산업으로 한 개의 업체가 부도가 된다면 연쇄적으로 다수의 협력업체에까지 부정적인 영향을 미치게 되니까 악순환이 가속화되는 현상이 발생하게 된단다. 이게 경제 전체로의 부담으로 이어지고 말이지. 건설산업이 우리 사회에 미치는 영향이 정말 크지 않니?

건설산업의 변화 방향

다른 산업과 마찬가지로 건설산업도 인력 고령화 및 숙련공 부족, 원가 상승, 안전사고, 환경 등 다양한 문제점들을 해결하기 위해 많은 노력을 기울이고 있어. 우리나라 건설산업이 어떻게 변화되고 있는지 여덟 가지 키워드로 생각해 보면 어떨까?

첫째, 새로운 발주방식[2)]의 등장

우리나라에서도 세계적으로도 전통적인 발주방식은 설계시공분리 발주 방식이라 할 수 있어. 즉, 설계사와 시공사로 명확히 구분하여 입찰을 하는 방식인데, 이 사업방식의 가장 큰 단점은 시공 단계에서 수많은 설계 변경이 발생할 수 있고 이로 인해 발주자와 시공자 간에 많은 분쟁이 발생한다는 거야. 이렇게 전통적인 발주방식의 문제점을 개선하기 위해서 새로운 발주방식들이 계속해서 개발되고 있단다.

조금 어렵지만 "순수내역 입찰제도"는 시공사 입찰 시 내역서를 주지 않고 설계도서만을 제공한 후 시공사는 공사가격뿐 아니라 기술을 제안하는 방식이야. "기본설계 기술제안 방식"은 발주기관이 작성한 기본설계서와 입찰안내서에 따라 입찰자가 공사비 절감방안, 공기 단축방안, 공사관리 방안 등을 제안해서 입찰에 참여하는 방식이야. "시공책임형 건설사업관리" 방식은 시공사가 설계 단계에서 설계관리 업무를 수행하고 시공 단계에서 책임시공을 하는 방식이야. 외국에서는 통합발주방식(IPD)이

2) 발주자가 원하는 건축물의 설계, 시공, 운영 서비스를 조직하고 조달하기 위한 방식

라고 해서 다자간 계약과 주요 참여자를 조기 참여시키는 발주방식이 떠오르고 있어.

둘째, 스마트 건설

현재 건설산업은 "스마트"라는 단어를 빼놓고 이야기를 할 수 없어. 그만큼 건설산업이 가지고 있는 노동력 부족 및 생산성 저하 이슈를 해결하기 위한 기술에 목마르다는 뜻이야.

지금 건설산업은 다양한 IT 기술의 각축장이야. 건축물 정보를 3D로 표현한 건축정보모델(BIM)을 비롯해 사물인터넷(IoT), 드론, 3D 프린팅, 가상현실(VR)과 증강현실(AR) 기술에 다양하게 테스트되고 있고, 최근에는 인공지능, 빅데이터 분석, 로봇 건설 등에 대한 관심도 높아. 이러한 기술 개발을 통해 건설 프로젝트를 효율적으로 관리하고 궁극적으로 생산성을 향상시키고자 하는 거란다.

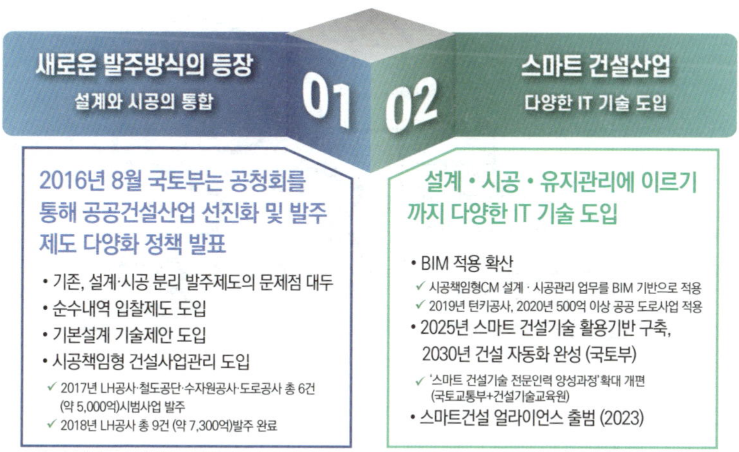

셋째, 모듈러 건축 중요성 대두

건설산업은 현장에서 외부 환경에 노출된 채 일을 하고 고소 작업이 많아. 그러다 보니 겨울철에는 추위와 그리고 여름철에는 더위와 싸우며 일해야 하고, 또 작업자들이 추락하는 사고도 왕왕 발생해. 건설산업도 제조업이 공장에서 상품을 생산하는 것과 비슷한 생산 체계를 갖춘다면 생산성과 안전성이 높아지지 않을까? 이렇게 해서 만들어진 개념이 "모듈러"[3]라는 개념이야.

어릴 때 가지고 놀던 레고 블록을 생각해봐. 어떻게 가지고 놀았지? 먼저 필요한 블록들을 모양 별로 정리해 놓는데, 그곳이 바로 공장 생산시설이 되는 거야. 그리고 설명서를 보고 원하는 블록을 찾아 이동시키는데, 그 과정이 바로 운송이란다. 이후에 블록을 들어올리고 (즉 양중하고) 조립해서 무언가를 만들게 되지. 이 모든 과정이 모듈러 건축 과정이야.

3) 현장이 아닌 공장에서 생산이 이루어진다고 해서 OSC(Off-Site Construction)라고 불리며 여러 유사한 용어들이 있음

넷째, 유지관리 시장 활성화

건축물관리법은 모든 건축물의 준공 후 해체 전까지 지속적이고 체계적으로 유지관리를 하기 위한 법률이란다. 이 법의 목적은 준공 후 건축물이 안전하게 유지관리가 되고 있는지를 관리하기 위한 거야.

건축물과 시설물은 오랜 사용기간 동안 외부 환경과 사용 환경에 노출되면서 안전성이 떨어질 수 있어. 2023년 분당 정자교 붕괴사고와 2025년 야구장 구조물 추락사고에서 알 수 있듯이 지속적이고 체계적으로 유지관리하지 않으면 사람들의 생명을 위협할 수도 있어. 그래서 건축물을 짓는데 그치지 않고 안전하게 사용할 수 있도록 안전진단 및 점검에 대한 관심이 높아지고 있고 비파괴 검사와 같은 관련 기술도 계속 개발되고 있단다.

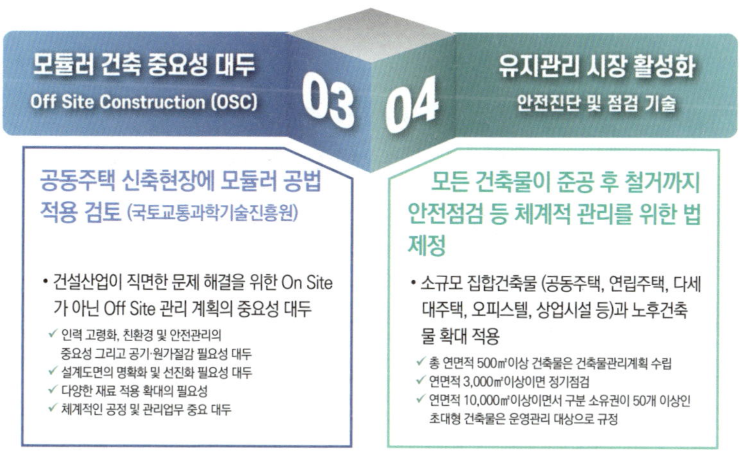

다섯째, 해체안전 중요성 대두

혹시 아주 아주 슬펐던 안전사고 기억하고 있어? 2021년 6월 전라남도 광주광역시에서 5층짜리 건축물 해체공사를 하고 있었는데 이 구조물이 도로를 덮쳤던 안타까웠던 사고란다. 더욱더 슬펐던 일은 그 현장 바로 옆에 버스정류장이 있었고 그때 버스가 정차하고 있었다는 거야. 구조물이 버스와 다수의 차량을 덮치면서 어린 학생들과 시민들의 귀중한 생명을 빼앗았던 사고였단다. 이 사고를 계기로 2022년 건축물관리법이 개정되면서 건축물 해체공사는 신고제에서 허가제로 바뀌게 되었어.

이 사고가 아니더라도 해체공사는 지속적으로 안전, 환경오염, 민원 등 문제들이 제기되어 왔었어. 이제부터라도 해체안전에 대해 더 큰 관심을 가지고 기술적으로, 제도적으로 해결책을 모색해 나가야 할 때야.

여섯째, 건설안전의 중요성 대두

안타깝게도 우리나라 산업계에서 사망자가 가장 많은 산업이 바로 건설산업이란다. 외부환경의 영향을 많이 받는데다가 공기를 맞추기 위해서 급하게 공사가 진행되는 경우가 많기 때문이야.

그래서 정부에서는 건설산업의 중대재해를 예방하기 위해서 2022년 부터 중대재해 처벌 등에 관한 법률(줄여서 중대재해처벌법)을 제정, 시행하고 있단다. 이 법은 중대재해의 원인을 건축주라고 본 거야. 건축주를 처벌할 수 있는 강력한 법안으로, 건축주에게 1년 이상의 징역 또는 10억

원 이하의 벌금을 부과할 수 있다면 건축주 입장에서는 처벌을 받고 싶어하지 않을 것이고 선제적인 투자가 일어나면서 중대재해가 예방될 거라고 생각을 한 거지.

그런데 안타까운 사실을 본 법안이 시행되고 난 후 건설산업의 사망자가 유의미하게 줄지는 않았다는 거야. 사고발생 후 처벌만을 강조한다면 건설산업 사망자는 크게 줄지 않을 수 있어. 건설산업이 타산업과 다른 점들이 많다는 사실은 앞에서 설명해주었지? 건설산업의 특성들을 이해하고 해결하려 하지 않고 단순히 처벌만을 강조한다면 정작 중대재해를 예방하기는 어렵단다.

중요한 것은 안전에 대한 인식 변화야. 인식이 변화되면 태도가 변화되고 태도가 변화되면 행동이 변화되는 것처럼 안전에 대한 인식변화를 위한 투자와 노력, 그리고 지속적인 관심과 교육이 선행될 때 안전사고가 감소될 수 있을거야.

05 해체안전 중요성 대두
건축물관리법 개정

건축물 해체계획서를 작성하여 해체 허가·신고 및 감리업무 그리고 해체작업 수행하는 경우 적용

- 해체공사 시 지속적으로 발생된 안전·환경오염 ·민원 등 문제해결 방안 대두
  - ✓ 광주광역시 동구 학동 해체공사 붕괴 사고 (2021)
  - ✓ 서울시 서초구 잠원동 해체공사 붕괴 사고 (2019)

06 건설안전의 중요성 대두
중대재해 처벌 등에 관한 법률

기업 경영자 처벌 강화를 통해 중대재해를 저감하려는 취지

- 법의 목적은 모든 이해관계자 동의
  - ✓ 중대재해 예방을 통해 근로자와 시민의 안전권을 보장하자는 목적에 동의
- 예방법, 특정 집단 처벌 강화에 이견
  - ✓ 중대재해 예방 방법은 특정 그룹에 대한 처벌강화가 유일

일곱째, 건설기능인등급제 도입

건설현장에서 직접 일을 하시는 분들을 "건설기능인"이라 부른단다. 이 분들 덕분에 우리나라 건설산업이 지탱되고 있어.

그런데 안타까운 사실은 우리나라 건설기능인이 계속해서 부족하다는 거야. 가장 큰 이유는 건설기능인에 대한 사회적 인식이 부족하고 처우도 열악한 데다 일의 연속성이 부족하기 때문이라 생각해. 젊은 세대들이 건설기능인으로 진입이 어려운 것이 현실이야. 그래서 지금 건설현장에 가면 많은 외국인 노동자들이 건설현장에서 일하고 있는 것을 볼 수 있단다.

이 문제가 지속되면 국내 건설시장에 문제가 될 수 있기 때문에 이 문제를 해결하기 위해서 정부에서는 건설기능인 등급제를 도입하게 되었어. 이 법안은 건설기능인의 처우를 개선하고, 체계적인 교육 및 관리를 통해 건설기능인을 양성하기 위해서 생긴 거지.

하지만 현실은 그렇게 쉽지는 않아. 건설기능인들은 많은 경우 경력관리를 하지 않고 있고, 그래서 제도권으로 들어오게 된다면 기존 경력을 모두 인정받지 못하고 초급기능인으로 시작해야 하는 문제가 있거든. 하지만 이를 지속적으로 개선하여 정착시키기 위한 노력은 계속되고 있단다.

여덟째, ESG 경영

ESG 경영은 기업이 환경(E), 사회(S), 지배구조(G) 요소를 통합해 지속가능성을 추구하는 경영전략이라고 한단다.

건설도 ESG 경영의 흐름을 피해갈 수는 없어 보여. 환경 분야에서는 건설 과정에서 환경파괴를 어떻게 하면 최소화할 수 있을지, 그리고 준공 후 최소 50년 이상 건축물을 유지할 때 어떻게 하면 에너지 사용을 최소화할 수 있을지에 대한 고민이 필요하단다. 사회 분야에서는 건설 과정에서의 안전에 대한 시스템을 구축해야 하고 협력업체까지 지원할 수 있는 방안을 모색해야 해. 마지막으로 지배구조 분야에서는 중대재해 예방 및 윤리경영을 어떻게 이행할지도 중요해. 특히 최근 윤리경영에 대한 중요성이 대두되며 이를 통해 건설산업이 투명하고 신뢰받는 산업으로 변화되는 것이 중요해지고 있단다.

07 건설기능인등급제 도입

시범사업38개 현장 1만여 기능인 대상

건설기능인 처우개선 및 건설산업 경쟁력·생산성 향상 목적

- 현장경력·자격증염·교육훈련·포상 반영하여 초·중·고·특 4단계 구분
  - ✓ 시범사업은 60개 직종과 등급구분(안) 마련
- 승급을 위해 3일간 승급 교육 필요
  - ✓ 실습교육 2일, 이론 교육 1일

08 ESG 경영

환경, 사회, 지배구조 통한 지속가능성

기업의 사회적 책임 요구 확산, 비재무적 위험관리 필요성 증대, 기업의 지속가능성 평가를 위한 새로운 지표 필요

- 환경분야 준비사항
  - ✓ 에너지 절감, 환경법 및 규제 관련 숙지
- 사회분야 준비사항
  - ✓ 구성원 안전을 위한 시스템 구축
  - ✓ 협력사 ESG경영 지원체계 구축
- 지배구조 준비사항
  - ✓ 중대사고 관리 및 윤리경영 이행

건설산업과 관련된 법과 제도

우리 사회가 행복하고 안전하게 유지하기 위해서는 법과 원칙에 따라 생활해야 하는 것처럼, 건설산업도 안전하게 유지되기 위해 산업 참여자들이 따라야 할 여러 가지 법과 제도들이 있어.

그렇다면 건축 전문가라면 알고 있어야 할 중요한 건설산업 관련 법과 제도들에 대해서 알아보자.

국토의 계획 및 이용에 관한 법률: 내가 토지를 가지고 있다면 내 마음대로 건축물을 지을 수 있을까? 결론부터 말하자면 할 수 없어. 왜냐하면 정부가 정한 국토계획에 따라서 토지를 합리적으로 이용해야 하기 때문이지.

"국토의 계획 및 이용에 관한 법률"은 국토 전반을 합리적으로 사용하기 위한 목적으로 제정되었단다. 토지의 용도는 사람들이 모여서 주거, 상업, 공업 활동을 하기 위한 도시지역, 보전과 개발을 위한 관리지역, 농업을 위한 농림지역, 환경오염 방지 및 국가유산 보전을 위한 자연환경보전지역으로 구분돼. 다시 도시지역 중 주거지역은 아늑한 주거환경을 위해서 주택들만 건축행위를 할 수 있는 전용주거지역, 저층부터 중고층 주택을 짓고 편리한 주거환경을 위한 일반주거지역, 주거기능과 상업기능이 융합된 준주거지역으로 구분할 수 있지.

이렇게 내 토지가 어느 용도에 속해 있느냐에 따라서 내가 할 수 있는 건축행위는 정해져 있다고 생각하면 된단다.

건축법: 내가 가지고 있는 토지가 도시지역 중 일반주거지역의 용도에 있다면 내가 원하는 규모와 디자인을 내 마음대로 결정할 수 있을까? 아쉽지만 이것도 안된단다. 앞서 말한 것처럼 우리가 만들어 놓은 법과 규정에 따라서 건축행위를 해야 하고 이것을 우리는 사회적 약속이라고 표현할 수 있을 거야.

건축행위를 할 수 있는 기준을 정립한 법률이 바로 "건축법"이야. 즉, 건축법은 건축물의 대지·구조·설비 기준을 정해서 안전하고 쾌적하면서도 아름다운 건축물을 짓기 위해서는 어떻게 하는지를 규정해 놓은 거란다.

건축법을 기준으로 우리는 "설계"라는 작업을 하게 돼. 설계는 쉽게 말하자면 내가 살고 싶은 집을 머릿속으로만 상상하는 것이 아니라 그림으로 그려보는 거야. 이것을 우리는 "설계도서"라고 표현하지. 설계도서를 전문적으로 작성하는 사람들을 "건축설계자"라고 하고, 이러한 회사를 "건축사사무소"라고 말한단다. 물론 실제 건축행위를 하기 전에는 인·허가권자인 시장·군수·구청장에게 건축허가를 받아야 하지.

설계도면이 작성되고 허가를 받으면 건축공사를 진행하게 되는데 우리는 이 행위를 "건축시공"이라고 표현해. 시공을 하시는 사람들을 "시공기술자"라고 하고, 이러한 회사를 "건설회사"라고 말해. 건설공사를 진행하기 전에 건축신고를 하고, 신고가 이루어지면 공사를 진행하게 되는데 이것을 우리는 "착공"이라고 표현한단다.

주차장법: 내가 살고 있는 아파트는 왜 항상 주차공간이 부족할까? 제대

로 주차공간을 만들었을까? 무슨 기준에 의해서 만들었을까? 이러한 다양한 궁금증들이 있을 거야. 우리가 항상 이용하고 있는 주차공간들도 모두 법과 규정에 의거하여 조성하는 거란다. 이와 관련한 법률이 "주차장법"이야. 주차장법은 주차장의 설치, 정비 및 관리에 필요한 사항을 규정함으로써 자동차 교통을 원활하게 하기 위한 내용들을 담고 있어.

건설산업기본법: 건설업과 건설용역업도 설계처럼 어떠한 법과 규정에 의해서 업무를 수행해야 하고 이를 규정한 법이 "건설산업기본법"이란다. 이 법은 건설공사의 조사, 설계, 시공, 감리, 유지관리, 기술관리 등에 관한 기본적인 사항과 건설업의 등록 및 건설공사의 도급 등에 필요한 사항을 정하여 안정적인 건설공사를 수행할 수 있도록 도와주고 있어.

그런데, 대학교에서 건축 관련 전공을 배우고 졸업을 해도 건설산업에 종사하는 동안 평생교육을 받아야 하는 건 알고 있니? 대학에서도 열심히 공부했는데 졸업 후에 왜 또 공부를 해야 할까? 왜냐하면 건축 프로젝트는 투입 자본이 크고 많은 사람의 안전과 직결되기 때문에 약속된 법과 원칙에 의해서만 업무를 수행하기 때문이야.

그리고 설계도서대로 건축물을 만들어 낼 능력이 필요하기 때문에 건설산업에서 일하는 사람들은 개인역량 강화를 위한 지속적인 노력을 해야 한단다.

건설기술인을 위한 교육과정

건설현장에서 실제 작업을 수행하는 "건설기능인"들과 달리 프로젝트를 관리하는 분들을 "건설기술인"이라고 지칭해. 보통 대학에서 건축 관련 전공을 마치면 대부분 건설기술인으로 일하게 되는 거지.

건설기술인도 기술인 등급과 경력을 인정받기 위해서는 이 일을 위탁받은 기관인 건설기술인협회에 경력 신고를 하고 지속적인 경력관리를 해야 한다는 것도 함께 기억하길 바래.

그럼 교육을 받을 수 있는 기관은 어디가 있을까? 바로 아래의 표와 같으니 참고해.

구분	기관명	유형
종합 교육기관 (7개 기관)	(재단)건설기술교육원 인천본원 (재단)건설기술교육원 강남분원	국토교통부산하 공공기관
	전문건설공제조합기술교육원	조합
	경복대학교	대학
	건설기술호남교육원	-
	영남건설기술교육원	-
	건설산업교육원	-
	스마트건설교육원	-
전문 교육기관 (8개 기관)	국토안전관리원	국토교통부산하 공공기관
	한국건설엔지니어링협회	협회
	한국상하수도협회	협회
	한국건축시공기술사협회	협회
	공간정보산업협회	협회
	한국능력개발원	-
	한국건설안전기술사회	-
	한국재난안전기술원	-

건설기술진흥법: 건설산업은 지속적인 발전을 위해 새로운 기술을 개발하고 건설산업에 적용하려는 노력을 기울이고 있단다. 건설기술 발전을 위한 교육과 연구와 관련된 법령이 바로 "건설기술진흥법"이야. 그러니까 이 법은 건설기술의 연구 및 개발을 촉진하여 건설기술 수준을 향상시키고, 건설공사의 품질과 안전을 확보함으로써 공공복리 증진과 국민경제 발전에 이바지함을 목적으로 하고 있는거지.

기술에 의한 건설산업 영위를 목표로 하고 있는 만큼, 이 법 제20조(건설기술인의 육성)에 따라서 건설기술인들은 건설산업에 종사하는 동안에 평생교육을 받게 되는 거야.

중대재해 처벌 등에 관한 법률: 건설산업은 전문적이고 보람된 일을 하지만, 반면에 아주 위험한 산업 중의 하나이기도 해. 그래서 정부에서는 중대재해를 예방하기 위해서 "중대재해 처벌 등에 관한 법률"을 2022년 부터 시행하고 있어.

이 법은 건설 산업재해가 사업주가 안전에 대해서 관심을 두지 않고 안전에 대한 투자를 하지 않아 발생되고 있는 것으로 보고 있어. 그래서 사망자 발생 시 사업주를 직접적으로 처벌하기 위한 근거를 마련하고 있는 거지.

하지만 앞서 이야기했다시피 사고는 단순히 처벌을 강화한다고 없어지지 않아. 오히려 건설산업이 가진 근본적인 문제들, 그러니까 야외에서 일을 한다던지, 고소작업이 많다던지, 현장에서 처음 보는 여러 회사들끼리 복잡하게 얽혀서 일을 한다던지 하는 특성을 이해하고 이를 기술적으로, 제도적으로 해결하기 위한 노력이 따라야 할 거야.

시설물의 안전 및 유지관리에 관한 특별법: 건축물은 지어지고 끝이 아니란다. 지어진 이후의 생애주기가 훨씬 길기 때문에 오히려 시작이라고 할 수도 있어. 따라서, 건축물의 유지관리자는 건축물을 사용하는 사람들이 안전하게 활용할 수 있도록 지속적이고 주기적으로 안전을 점검해야 한단다.

"시설물의 안전 및 유지관리에 관한 특별법"은 건축물과 토목 시설물들에 대한 안전과 유지관리에 대한 내용을 담고 있어. 여기에는 안전점검, 안전진단, 성능평가라는 용어가 나오는데, 이 셋의 실시 범위와 시기가 모두 다르니까 주의해야 해.

건설산업과 관련된 직업

건설산업은 생각보다 큰 분야이고 정말 많은 직업들의 사람들이 연관되어 종사하고 있어. 그래서 건축학과를 졸업하면 생각 외로 다양한 분야로 진출할 수 있단다. 예를 들어 은행에서 부동산과 관련된 업무를 볼 수 있고, 건축물의 가치평가를 하는 곳에서 일할 수도 있어. 요즘에는 건물들이 스마트빌딩[4)]으로 진화하면서 건축물의 공간 서비스를 개발하고 제공하는 회사들에서도 건축 전문가들을 많이 찾고 있지. 요즘에는 도면을 3D 형태인 건축정보모델(BIM)으로 작성하는 경우가 많은데 이와 관련한 직업들도 많이 생기고 있어.

그리고, 건축물의 친환경 수준을 평가하거나, 건축 신재료를 개발하거나 하는 등 정말 다양한 전문분야로 진출할 수 있는 종합산업이 바로 건축이야. 이렇게 다양한 전문가들의 참여를 통해서 우리 일상생활에서 편안하고 안전하게 건축물을 사용하고 있는 거야.

그래도 여기에서는 건설산업과 관련된 직업들 중에 제일 많은 수를 차지하는 직업들만 간단히 알아보기로 하자. 새로운 기술이나 관련된 직업들에 대해서는 뒤에서 또 다룰 기회가 있을테니 말이야.

먼저, 2012년에 개봉한 "건축학 개론"이라는 영화가 있는데. 여기서 주인공으로 등장한 남자배우의 직업이 "건축설계자"였어. 건축설계자는 건

4) 사물인터넷, 인공지능 에너지 및 실내공기 제어, 서비스로봇 등 첨단기술을 결합하여 공간 서비스를 제공하는 빌딩들

축물을 짓기 원하는 고객을 대상으로 국토의 계획 및 이용에 관한 법률, 건축법, 주차장법 등을 기반으로 편안하고 안전한, 그리고 아름다운 건축물을 설계도면으로 표현해 내는 직업이야.

건축설계자는 머릿속에 생각하고 상상했던 일들을 도면으로 표현해야 해. 그래서 건축설계자를 직업으로 선택하기 위한 주요 적성으로는 창의력, 관찰력, 예술적인 디자인 감각을 꼽을 수 있단다. 또한, 건축주와의 대화를 통해 건축주가 바라는 것들을 깊이 있게 이해하고 실현시켜 주어야 하기 때문에 의사소통 능력도 중요하지.

건축설계자

- 건축주의 의견을 반영하여 건축물의 디자인을 결정하고 설계도면을 만드는일
- 업무수행을 위한 요구적성: 창의력, 관찰력, 디자인 감각 등

건축설계 과정이 끝나면 이를 진짜 건물로 만들어 내는 과정인 시공 과정으로 넘어가게 되는데 이를 실현해 내는 사람들이 바로 "건축시공기술자"야. 건축시공기술자는 건축사가 작성한 도면 그대로 건축공사를 진행하게 되는데, 이게 또 아주 중요하고 어려운 작업이지.

건축시공기술자로 직업을 선택하기 위해서는 실제 현장에서 업무를 수행해야 하기 때문에 활동성과 적극성이 중요해. 또, 실제 건설기능인 분들을 통제 및 관리하는 업무도 수행해야 하기 때문에 리더십도 필요해. 그리고 구조, 기계, 전기, 통신, 소방 등 다양한 전문가들이 함께 현장에서 일을 하기 때문에, 의사소통 능력도 중요하단다.

건축시공기술자	• 건축사가 설계한 건축물이 지어질 수 있도록 건설현장에서 공사업무를 수행 • 업무수행을 위한 요구적성: 적극성, 활동성, 리더십 등

우리가 매일 사용하고 있는 건축물은 안전하게 지어지고 유지되는 것이 가장 중요하단다. 뉴스에서 건축물 또는 교량이 무너져 사람들이 다치고 소중한 생명을 잃게 되는 보도를 종종 보게 되고 있는데, 정말 안타깝고 슬픈 일이야.

건축물들이 안전하게 유지되고 있는 것은 바로 "건축구조기술자"라는 분들 덕분이야. 건축구조기술자는 건축사가 설계한 설계도면이 어떤 구조로 계획되면 가장 안정적으로 건축물이 유지될 수 있는지 이해하고 설계를 하시는 분들이야.

건축구조기술자로 직업을 선택하기 위해서는 수학 및 물리적 사고 능력, 분석적 능력, 꼼꼼한 성향이 매우 중요하단다.

건축구조기술자	• 건축물이 안정적으로 세워질 수 있도록 계획 • 업무수행을 위한 요구적성: 수학 및 분석적 사고 능력

마지막으로, "영화 건축학 개론" 얘기를 한 번 더 할게. 이 영화에서 여자 주인공이 건축사인 남자 주인공을 찾아와 자신의 주택을 대수선하는 프로젝트를 의뢰하고, 남자 주인공은 자신이 생각하는 설계안에 대해 열심히 설명하지만 여자 주인공이 잘 이해하지 못하는 장면이 나와. 너무나

전문적인 용어를 사용하니, 건축주인 여자 주인공 입장에서는 당연히 이해하기 어려울 수 밖에 없는 거야.

"건설사업관리자"는 건축 지식이 부족한 건축주를 도와서 설계와 시공 과정에서 발생하는 업무를 관리하고 건축주가 수행해야 할 업무를 대행해 주는 역할을 해. 또, 건축 프로젝트에 참여하는 분들을 통제, 관리하므로 오케스트라에서 지휘자 역할을 하게 되지.

건설사업관리자로 업무를 수행하기 위해서는 소통 및 리더십, 경청, 대인관계 능력, 논리적 능력 등이 아주 중요하단다.

건설사업관리자

- 건축주를 대신하여 건축사의 설계가 제대로 작성되었는지, 그리고 시공사가 설계도면대로 시공하는지 관리하는 업무
- 업무수행을 위한 요구적성: 소통·리더십, 논리적 능력

건설산업과 관련된 자격증

우리가 자동차 운전을 할 때 가장 먼저 무엇을 취득해야 하지? 바로 자동차운전면허증이라는 자격증을 취득해야지. 자격증이라고 하는 것은 이 사람은 이러한 행위를 할 수 있다고 국가가 인정을 해 주는 것이란다.

인간의 생명과 안전을 다루는 건설산업에서도 업무를 수행할 때 당연히 자격증이 필요해. 여기에서는 앞에서 이야기한 건축사, 건축시공기술사, 건축구조기술사, 건설사업관리사로서 업무를 수행하기 위한 자격증들을 하나씩 이야기해 볼게.

건축사: 우선 건축사 자격증을 취득하기 위해서는 "건축사법"에 의거하여 건축학 인증 5년제(건축학과)[5] 대학에서 8학기 이상 이수하고 실무수련[6] 3년 이상 하거나, 또는 인증받은 건축대학원 2학기 이상 이수하고 및 실무수련 3년 이상의 실무경력을 갖춰야 해. 그렇게 하면 시험에 응시할 수 있단다.

외국에서 건축사 면허를 받거나 자격을 취득한 사람 중 건축사법에 따른 건축사 자격과 동등한 자격이 있다고 인정하는 사람이면서 총 경력 5년 이상 건축 실무경력이 있는 사람 또한 건축사 자격시험에 응시할 수 있어.

5) 대학에서의 건축전공은 통상 건축학과(5년제)와 건축공학과(4년제)로 구분

6) 실무수련이란 건축설계와 관련한 기업에서 근무한 경력

시험과목은 대지계획, 건축설계1, 건축설계2로 구성되어 있어. 1교시 대지계획은 배치계획, 대지조닝, 대지분석, 대지단면 등 대지를 어떻게 활용할 것인지에 대한 내용을 출제하고 있단다. 또 2교시 건축설계1은 평면설계에 대한 내용을, 그리고 마지막 건축설계2는 단면설계, 구조계획, 설비계획 등 기술적인 내용을 담고 있지. 각각 3시간씩 시험을 보고 60점 이상 득점을 해야만 합격이 된단다.

건축사 시험은 대한건축사협회에서 주관하여 관리하고 있어. 간혹 건축사와 건축가를 헷갈릴 수 있는데, 건축사는 여기에 설명한 과정을 거쳐 자격증을 소지한 사람들을 말하고, 건축가는 건축설계와 관련된 업을 하는 더 넓은 범위의 사람들을 의미해.

건축기사: 건축기사는 건축 관련학과에서 건축 설계를 하지 않고 공학으로 진학하게 되면 보통 제일 먼저 취득하는 국가공인 자격증이란다. 건축기사 자격증은 4년제 대학 6학기 이상 수료하고 시험을 볼 수 있어. 그래서 대학교 4학년이 되면 보통 졸업전에 취득을 많이 하는 걸 볼 수 있지. 이 자격증은 한국산업인력공단에서 주관하여 관리하고 있단다.

1차 시험은 건축계획, 건축시공, 건축구조, 건축설비, 건축법규 과목으로 이루어져 있어. 그리고 2차 시험은 시공실무, 건축구조, 공정, 적산, 품질 및 재료시험으로 이루어져. 1, 2차 시험 모두 60점 이상 득점을 해야만 합격이 된단다.

건축시공기술사: 건축시공기술사는 보통 바로 취득하지 않고, 건축기사

자격증을 먼저 취득하는게 일반적이야. 건축기사 취득 후 실무경력 4년 이상의 경력을 갖춰야 시험을 볼 수 있는 자격이 생기지.

아니면 건축학과, 건축공학과와 같은 건축 관련학과를 졸업하고 4년제 대학 졸업 후 6년 이상, 3년제 전문대 졸업 후 7년 이상, 2년제 대학 졸업 후 8년 이상의 실무경력을 갖추어도 응시 자격이 생긴단다.

건축시공기술사 1차 시험은 건축시공 및 공정관리, 적산 등에 관해 출제가 되고, 총 400분(교시당 100분) 시험을 쳐서 60점 이상 득점 시 합격이 된단다. 2차 시험은 구술면접으로 30분 정도 진행되고, 역시 60점 이상 득점 시 합격이 되어 시공기술사로 인정을 받게 된단다.

건축구조기술사: 구조기술사 자격증 취득과정은 앞서 말한 건축시공기술사와 유사해. 건축기사 취득 후 또는 일정기간 이상 실무경력을 보유한다면 자격시험에 응시할 수 있어. 건축시공기술사와 건축구조기술사 둘다 한국산업인력공단에서 관리하고 있단다.

1차 시험은 건축에 관한 구조의 계획, 계산·감리와 건축물의 구조에 관한 사항으로 총 400분(교시당 100분) 시험이 진행되고, 2차 시험은 구술면접으로 30분 정도 진행돼. 역시 각각 60점 이상 득점 시 구조기술사로 인정을 받게 된단다.

건설사업관리사: 건설사업관리사가 되기 위해서는 관련분야 박사학위 취득자, 관련분야 석사학위 취득 후 2년 이상, 학사학위 취득 후 4년 이상

관련분야에 종사해야 해. 그리고 건설사업관리 전문교육을 140시간 이상 이수하면 시험을 볼 수 있는 기회가 생기는 거지. 이 자격증은 민간 자격증으로 한국CM협회에서 관리하고 있어.

1차 시험은 건설사업관리개론, 계약 및 클레임관리, 위험관리, 건설정보관리이고, 2차 시험은 경제성 공학 및 사업비관리, 공정관리, 품질관리, 안전관리이고, 3차 시험은 면접전형이야. 주의할 점은 앞 순위의 시험에 합격하지 않으면 다음 순위의 시험에 응시할 수 없단다.

건설사업관리사와 유사한 자격증으로 국제적으로 통용되고 있는 PMP(Project Management Professional)라는 자격증도 있어. 이건 미국의 프로젝트관리협회[7)]에서 주관하는 시험인데 취득 후에도 자격증 유지를 하려면 지속적으로 관리를 해줘야 하지.

이 외에도 건설안전기사(한국산업인력공단), BIM운용전문가(한국BIM평가원) 등이 취득을 생각해볼 만한 자격증들이야.

7) Project Management Institute, PMI

정리 : 건설산업은 어떻게 돌아가더라?

건설산업 크게 종합공사와 전문공사를 수행하는 건설업과 설계, 감리, 사업관리, 유지관리 등 업무를 수행하는 건설용역업으로 구분한단다. 뿐만 아니라 전기공사, 정보통신공사, 소방시설공사, 국가유산수리공사가 함께 어우러져 건설산업은 돌아가고 있는 거야.

이러한 건설산업의 주요 특징들이 있어. 대부분의 건설 과정 자체가 공장이 아닌 야외에서 이루어지다 보니 다양한 위험에 노출되어 있고, 생산성 저하에도 많은 영향을 주고 있어. 아직까지 타 산업에 비해 노동력에 대한 의존도가 높기 때문에 우수한 숙련공 확보가 건설산업의 성공적 수행을 위한 중요한 요소야. 특히 경기동향과 발주자 여건에 아주 민감한 반응을 보이기도 해. 사회적 여건이 좋지 않으면 투자가 부족하게 되면서 건설경기는 침체기를 겪게 되는 거야.

건설산업은 우리 삶과 전체 경제에 아주 밀접한 관계를 맺고 있어. 취업자 유발인원이 제조업에 비해서 월등히 높고, 건설공사 과정에서 철근, 시멘트, 콘크리트, 전기, 통신, 설비, 건설 장비 등 수많은 자재와 장비들이 사용됨으로써 연관된 산업에 미치는 영향력도 매우 크단다. 또 건설산업은 노동력에 대한 의존도가 높은 산업이어서 고용 유발효과도 높아.

이러한 건설산업의 특성 속에서 건설산업은 지속적인 변화의 노력을 보이고 있단다. 가장 전통적인 발주방식인 설계시공분리 발주의 문제점을 보완하기 위해서 순수내역입찰제, 기본설계 기술제안방식, 시공책임형 건설사업관리방식 같은 다양한 발주방식을 도입하고 시험해보고 있어. 또 건설산업에 다양한 ICT 기술을 도입해서 노동력에 대한 의존도를 낮추고 효율성과 생산성을 높이기 위한 스마트건설 기술도 속속 도입되고 있지. 기존의 현장 중심의 건축물 생산에서 탈피해서 공장에서 생산, 운송하여 현장에서 설치, 시공하는 방식인 모듈러 방식을 도입하기 위한 움직임도 뜨거워. 안전에 대한 인식도 계속 높아지면서 중대재해를 예방하기 위한 중대재해처벌법도 시행되어 산재사망자 50% 이상 줄이기 위한 노력도 하고 있단다.

건설산업은 범위가 매우 넓은 종합산업이고 정말 많은 직업들의 사람들이 연관되어 종사하고 있어. 그래서 건축학과를 졸업하면 생각 외로 다양한 분야로 진출할 수 있단다. 그래도 건축 전문가로서 대표적인 직업으로는 우선 우리가 어떤 건축물을 지을건지 고민하고 상상했던 것을 도면으로 표현해 내는 건축설계자가 있고, 건축설계자가 작성한 도면을 가지고 안전하고 효율적인 구조 계획을 만들어 내는 건축구조기술자가 있지. 그리고 건축설계자가 작성한 도면을 실제 건축물로 만들어 내는 전문가인 건축시공기술자가 있고, 건축주를 대신해서 설계와 시공을 체계적으로 관리해 주는 건설사업관리자가 있어. 이런 전문가가 되기 위한 자격증 취득 과정도 설명해두었으니 살펴봐.

우리 건설산업은 이렇게 다양한 전문가들이 모여서 편안하고 안전하면서도 아름다운 건축물이 완성된단다.

해외사례 : 발주자 혁신을 위한 노력

건축 프로젝트에서 발주자(건축주)는 사업에 자금을 투입하기 때문에 막대한 권한이 있단다. 하지만 상대적으로 건설 프로세스에 익숙치 않은 경우가 대부분이어서, 발주자 역량에 따라 프로젝트 성과는 큰 차이가 날 수 있어.

그래서 발주자 혁신을 통해 건설산업을 혁신하자는 목소리는 지속적으로 있어 왔단다. 우리나라에서도 2009년 "공공발주기관 협의회"가 발족되었다가 흐지부지된 바 있지. 그런데 해외에서는 지속적이고 조직적으로 발주자 혁신을 위해 노력하고 있어. 이는 우리가 벤치마킹해야 하는 중요한 지점이란다.

영국은 발주자 혁신 운동을 가장 지속적으로 해온 나라 중 하나야. 1994년 Latham 보고서[8] 권고에 따라 "건설 발주자 포럼"이 설립되고 이후에 Constructing Excellence(CE)라는 조직으로 통합되었는데, 여기에서 수행하고 있는 대표적인 발주자 혁신 노력에는 발주자 인식 개선을 위한 교육, 발주자들 간의 상호 지식 공유의 장 마련, 우수사례 공유 및 수상, 발주자 역량 진단 도구 개발, 소규모 단발성 발주자들을 위한 컨설팅, 소규모 발주처의 물량 통합 발주 지원 등이 있단다.

미국에서도 1994년 민간을 중심으로 "미국 발주자 협회"[9]가 출범하였고 지금까지 활동하고 있단다. 현재 150여 개 회원사에서 3,000여 명의

8) Constructing the Team

9) Construction Owners Association of America (COAA)

회원이 활동하고 있어. 이 조직은 발주자 교육 기관을 만들어 발주자 교육 프로그램을 운영하고 있고, 회원들에게 발주자 관점의 전자 잡지를 제공하기도 하고, 정기 세미나 개최 등 교육과 정보 공유에 힘쓰고 있단다.

뉴질랜드에서는 2009년 CE in New Zealand(CENZ)가 설립되었고, 그 안에 "건설 발주자 그룹"이 있어. 이 그룹의 가장 중요한 역할은 발주자 간 정보 공유의 장을 제공하는 것이란다. 지역별 네트워킹 행사를 연간 30회 이상 개최하고 있고, 모든 지역 발주자가 함께 모이는 행사도 연간 5회 이상 개최한다고 해. 또, 베스트 프랙티스(우수 사례)도 보고서를 통해 공유하고 있고 분기별로 뉴스레터도 발간하고 있단다.

발주자의 혁신 없이 건설사업 혁신은 매우 어렵단다. 이는 발주자의 의사결정 권한이 정말로 매우 크기 때문이야. "똑똑한 발주자가 똑똑한 프로젝트를 만든다"는 말처럼, 발주자는 전체 건설사업의 진행 방향을 결정하는 정말 중요한 주체란다.

우리나라도 발주자의 역량 강화, 발주자 교육 및 네트워킹, 발주시스템 선진화를 위해 발주자 혁신에 더욱 초점을 맞추어야 할 때라고 생각해.

제 2 장

건축 프로젝트 단계별로 어떤 일이 일어나는가?

건축 프로젝트는 어떤 방법과 절차에 의해서 진행될까? 건축 프로젝트를 기획 단계, 설계 단계, 구매 및 조달 단계, 시공 단계, 유지관리 단계, 해체 단계로 구분하여 세부적인 절차와 업무 내용에 대해서 함께 생각해 보자.

2
SECTION

건축 프로젝트 단계별 이해

모든 일에는 순서가 있는 것처럼 건축 프로젝트도 순서와 절차에 의해서 업무를 수행하게 되는데, 크게 여섯 단계로 구분하여 설명할 수 있어.

그 전에 우선 "프로젝트"가 무엇인지부터 생각해 보자. 우리가 이야기 하는 프로젝트란 지속적으로 수행하는 업무가 아닌 어떤 결과를 창출하기 위해서 일시적으로 투입하는 한시적인 노력이라고 정의할 수 있어. 즉, 시작과 끝이 명확하다는 거야. 프로젝트라는 용어는 건축에서만 사용되는 용어가 아니고 조선, 소프트웨어, 이벤트 사업 등 여러 제품이나 서비스 결과를 만들어 내기 위한 목적으로 사용되고 있어. 우리는 건축물을 만드는 거니까 건축 프로젝트라고 하는 거지.

그리고 "프로그램"이라는 개념도 있는데, 이것는 다수의 프로젝트가 있고 이들이 서로 유기적으로 결합되어 있어서 함께 관리하는 것을 의미해. 즉, 프로그램은 함께 관리되면 시너지를 발휘할 수 있는 복수의 프로젝트 집합이라고 생각하면 된단다. 우리는 하나의 단일 건축에 대한 이야기를 하고 있으니 프로그램이 아닌 프로젝트라는 용어를 사용하고 있지만, 프로그램 관리도 매우 중요한 영역이야.

하나의 건축 프로젝트는 기획 단계, 설계 단계, 구매 및 조달 단계(시공사 선정 단계), 시공 단계, 유지관리 단계, 해체 단계를 거치게 되는데 이것을 건축물의 생애주기라 부를 수도 있어.

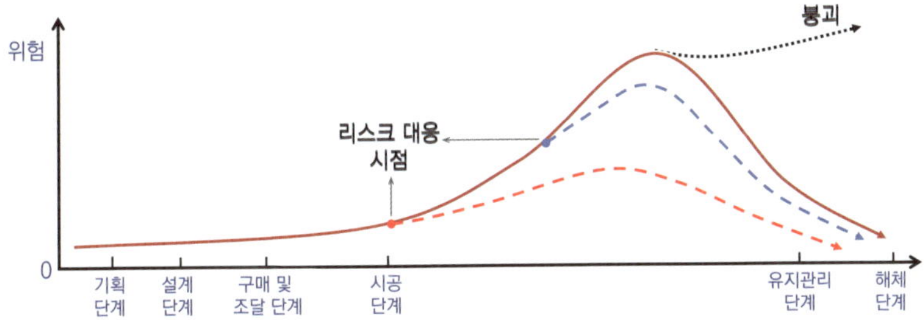

기획 단계는 프로젝트에 내가 투자해도 되는지에 대한 검토를 하는 단계란다. 내가 이곳에 건축물을 지었을 때 투자비는 얼마나 소요되는지, 프로젝트를 통해서 이익을 볼 수 있는지, 이익을 볼 수 있다면 매년 얼마를 벌 수 있을지, 어떤 건축물을 지어야 할지, 사업 자금은 어떻게 마련할지 등 프로젝트 진행 여부를 검토하는 단계야. Go/No-Go 결정이라고도 하는데 프로젝트에 있어 가장 중요한 결정이 이루어지는 단계라고 생각하면 돼.

기획 단계에서 사업성이 검증되었다면 설계 단계는 기획에서 검토했던 데이터를 기반으로 설계를 하는 단계야. 내 토지가 어느 용도에 속해 있고 어떤 법을 적용받는지 확인하고 규모와 면적 등을 결정한 다음 설계도면을 작성하는 단계야.

구매 및 조달 단계에서는 건축사가 제출한 설계도면, 내역서, 시방서, 전체 예정공정표를 가지고 건축주가 건축공사를 누구에게 맡길 것인지 결정하는 단계란다. 그래서 입낙찰 방식을 정해 시공발주를 하고 우수한 시공사를 선정해서 계약 업무를 수행하는 단계야.

시공 단계는 구매 및 조달 단계에서 선정된 시공사가 건축공사를 하는 단계야. 이때 시공사는 건설 현장에서 공정관리, 원가관리, 품질관리, 안전관리, 환경관리 등 다양한 업무를 수행하게 돼. 전통적으로는 공정과 원가, 품질이 중요했다면 오늘날에는 ESG에 대한 관심으로 안전과 환경관리의 중요성이 올라가고 있단다.

유지관리 단계에서는 건축공사가 끝나고 난 후 지어진 건축물을 오랫동안 사용하기 위해 관리하는 단계야. 건축물의 사용성을 관찰하면서 전략적으로 공간과 시설물을 관리해야 하고, 동시에 건축물의 에너지 사용과 환경파괴를 최소화할 수 있을지에 대한 고민이 중요하단다.

해체 단계는 건축물의 내구연한이 다 되었을 경우 그 토지 위에 새로운 건축물을 짓기 위해 건축물을 없애는 단계야. 해체공사는 매우 중요하지

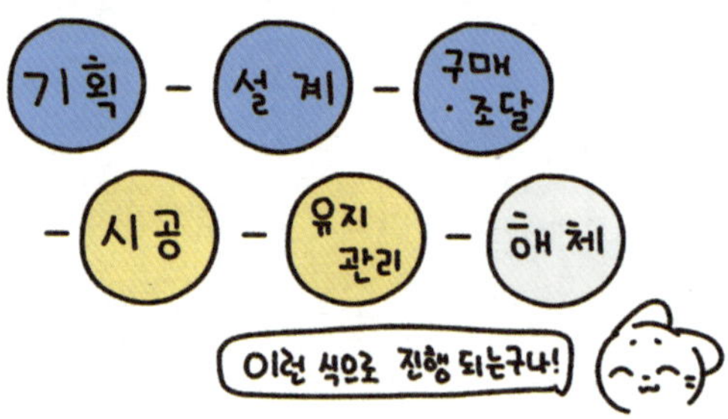

만 아직까지 건축물 해체에 대한 관심은 낮은 편이야. 해체공사는 안전사고 확률이 높고 공사비도 많이 발생하기 때문에 설계 단계에서부터 신경을 써야 한단다.

총사업비 관리지침

국가에서 수행하는 모든 건설 프로젝트들은 국민들이 납부하는 세금으로 진행되고 있어. 이 소중한 세금들이 아주 소중하게 사용되어야겠지? 따라서 정부는 국가 예산이 소요되는 대규모 사업의 총사업비를 사업추진 단계별로 합리적으로 조정·관리하고 재정지출의 효율성을 높이기 위해 "총사업비 관리지침"을 제정하여 관리하고 있어.

관리대상 기준은 다음과 같아.

1. 총사업비가 500억 원 이상이고 국가의 재정지원 규모가 300억 원 이상인 토목사업 및 정보화사업
2. 총사업비가 200억 원 이상인 건축사업
3. 총사업비가 200억 원 이상인 연구시설 및 연구단지 조성사업

특히 이 사업들 중 건설사업 및 연구기반 구축 R&D사업에서는 예비타당성조사를 통해서 사업성이나 공익성이 검증이 되어야 사업을 진행할 수 있는데, 이러한 분석을 "비용편익분석"이라고 해.

비용편익분석은 특정 사업이 사회적 후생을 향상시킬 수 있는지 판단하기 위해 사용하는 경제성 분석 기법이야. 해당 사업기간 동안 발생하는 모든 비용과 모든 편익에 대해 할인율을 적용하여 현재가치로 환산한 후 경제적 타당성을 판단하는 거지.

기획 단계 참여자 역할 및 주요 결정사항

기획 단계에서는 비용편익분석을 통해 사업성을 검토하고 경제성을 분석하는 것이 가장 중요한 업무가 될 거야. 비용편익분석은 공공사업이나 정부 정책의 도입 여부를 판단할 때 많이 사용된단다. 공공사업이나 정부 정책의 특성상 공공의 이익을 위해 대규모의 투자가 동반되는 경우가 많고 잘못된 판단을 내릴 경우 피해가 장기화될 수 있기 때문이야. 그래서 사업과 관련한 다양한 시나리오를 가정하여 각 시나리오에서 발생하는 비용과 편익을 비교, 평가하여 경제적 타당성을 따지게 된단다.

이 과정에서 사업성이 검증되면 건축 프로젝트가 진행되고 아래와 같은 다섯 단계의 일이 일어나게 돼.

기초자료 조사 및 분석: 이건 국내외 관련 프로젝트 현황을 조사하고, 이를 통해 관련 프로젝트 트렌드를 분석하여 사업의 방향을 결정하는 거란다. 즉, 어떤 건축물을 만들어 낼 것인지에 대한 밑그림을 그리는 과정이라고 생각하면 쉬워.

현장 조사: 어떤 건축물을 만들어야 할지에 대해서 생각이 정리되었다면 건축물이 들어설 대지에 대해서 조사해야 한단다. 위치한 지역을 인근 지역으로 설정하고 도시, 교통, 지역 등을 분석하고 건축물 면적과 특성에 대해 정리하는 과정을 거치게 돼. 얻은 정보를 바탕으로 건축물에 어떤 시설들을 갖추면 좋을지, 필요한 면적들은 어떻게 되는지 등을 결정하게 된단다.

스페이스 프로그램 개발: 사전 현장 조사와 건축주 인터뷰 내용을 기반으로 스페이스 프로그램을 작성하게 된단다. 스페이스 프로그램은 짓고자 하는 건축물에 어떤 시설들을 몇 개소 갖춰야 할지, 각 시설들에 대한 면적은 얼마를 두어야 할지 결정해. 그리고 버블 다이어그램 등을 통해 각 시설물 위치는 어디에 위치하는 것이 효율적인 것인지에 대한 정보를 표현해야 하지.

이때 정부의 예산이 투입되는 사업은 "정부청사관리규정", "국유재산관리기금 운용지침" 등을 준용하여 각 시설들의 면적 계획을 하게 되어 있단다. 스페이스 프로그래밍은 건축사가 건축적으로 풀어야 하는 문제를 내는 것으로 비유할 수 있어. 애초에 문제가 잘못되면 좋은 답을 얻을 수 없는 것처럼, 사업 목적에 맞는 스페이스 프로그램을 만들어 내는 것이 정말 중요하단다.

법규 검토: 건축 프로젝트를 진행하기 위해서는 반드시 관련 법규와 절차를 따라야 해. 따라서 사업을 진행하기 전에 도시계획 및 건축법규를 총체적으로 검토해서 작성한 계획이 해당 규정들을 충족하고 있는지 확인해야 한단다.

예산계획 수립: 이건 공사비, 설계비, 건설사업관리비, 건축물 에너지효율 등급, 계약 수수료 등 사업에 필요한 비용이 얼마나 투입되어야 하는지 검토하는 작업이야. 이를 통해서 사전 사업비에 대해서 검토하고 건축 프로젝트가 진행되는 동안 사업비를 넘지 않도록 관리를 하는 것이 중요하단다.

설계 단계 참여자 역할 및 주요 결정사항

건축 프로젝트 단계 중 설계 단계는 사업의 첫 단추라고 할 수 있을 만큼 중요한 단계야. 건축설계는 건축물을 구축하기 위하여 요구되는 기능과 형태와 구조를 결정하고 물리적 형식을 구체화하는 과정을 총칭하고 있단다.

건축계획은 건축물의 환경조건, 즉 일조, 통풍, 난방, 소음 등을 다루는 환경물리 분야와 색채, 형태, 미 등을 다루는 환경심리 분야, 각 건축물의 유형에 따른 기능적·미적 자료 및 원칙들을 물리적인 측면에서 다루는 계획각론 분야로 나눌 수 있어. 설계는 이렇게 서로 다른 요소들을 하나의 건축물로 만들어 내는 일련의 과정이란다.

또한 건축사의 접근방법과 전략, 그리고 문제를 풀어내는 방법론은 기술적, 경제적 상황뿐 아니라 건축사의 개인 경험과 사회문화적 배경에 의해서도 큰 영향을 받는단다.

그래서 건축사가 설계를 완성시켜 나가기 위해 수행하는 여러 가지 일 말고도, 동시에 설계물이 건축주의 의도를 충족시키고 있는지 확인하기 위한 일들이 동시에 진행되어야 좋은 설계가 나올 수 있을 거야.

건축사의 역할

건축설계와 관련해서 건축사의 가장 중요한 역할은 건축주가 원하는 건축물을 도면으로 표현해 내는 것이라 할 수 있어. 이를 위해서는 설계 초기 단계에서부터 발주자 요구사항(Owner's Requirements)을 명확하게 이해해야 한단다. 즉, 발주자의 요구사항을 정확히 파악하고 명료화하는 것은 프로젝트 성공을 위한 중요한 과정이야. 발주자의 경제적인 여건에 따라 건축물의 규모를 확정하게 될 것이고 상황에 맞춰서 설계 업무를 진행해야 하기 때문이야.

발주자의 요구사항을 명확히 하기 위해서 건축사는 품질, 시간, 범위, 원가에 대해서 어떤 부분을 건축주가 중요하게 생각하는지를 비교, 분석해야 해. 즉, 특정 건축 프로젝트에서 사업범위가 중요한지, 품질을 우선시하는지, 원가절감이 필요한 사업인지, 사업기간이 중요하기 때문에 사업기간을 줄여야 하는지 등을 파악하는 거지.

발주자 요구사항이 정리되면 건축사는 요구사항을 풀어내기 위한 설계 아이디어를 계획설계와 기본설계, 그리고 실시설계 과정을 거쳐 구체화시킨단다[10]. 한편 시공 단계에 들어가면 시공자나 작업자가 현장 여건을 고려해서 시공상세도(샵드로잉)를 그린단다.

계획설계(Schematic Design): 계획설계는 줄여서 SD라 부르는데 건축물의 전체적인 윤곽을 표현하는 단계라 할 수 있어. 건물의 모양, 배치, 구조, 재료, 색상, 대지 배치 등 총체적인 설계 방향이 결정되고 사용자들에 대해 건물이 어떻게 쓰일지 등이 논의되고 결정된단다.

또 건축설계를 완성하기 위해 어떤 전문가들의 지식과 정보가 필요한지

10) 국토교통부 "건축물의 설계도서 작성기준"에서는 계획설계, 중간설계, 실시설계라 부르고 있음

에 대해서도 파악이 되어야 해. 건축사 혼자서 좋은 건축물을 만들어내기 위한 모든 지식을 갖추기는 정말로 어렵거든.

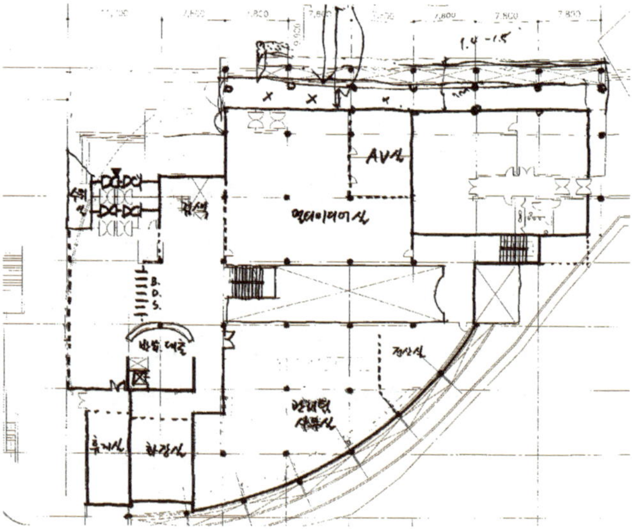

기본설계(Design Development): 기본설계는 건축, 구조, 설비, 전기 도면을 만들어 내고 지속적인 조정을 거쳐 하나의 건축물로서의 설계를 완성해 나가는 단계야. 보통 줄여서 DD 단계라고 부른단다.

발주자를 위한 설계를 책임지는 건축사는 구조설계 업체와 설비설계 업체와의 계약을 통해 구조도면과 설비도면들도 함께 납품해야 하고, 이들 도면들이 건축도면과 잘 통합되고 있는지 확인해야 해. 그리고 건축재료도 확정되어 가니까 본격적으로 공사비 견적을 만들고 발주자와 협의할 수 있는 단계란다.

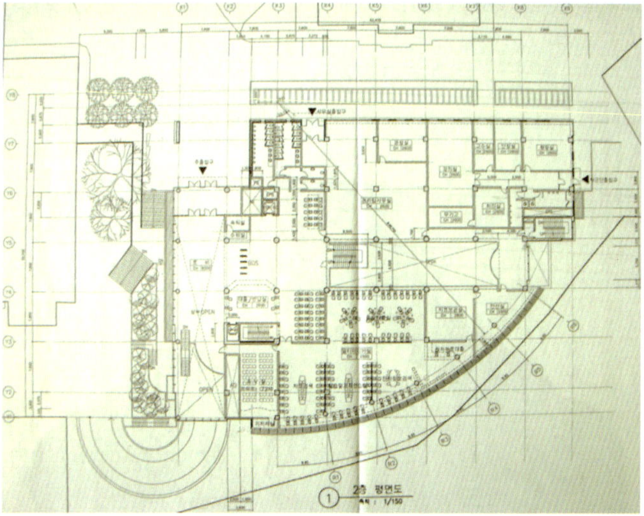

실시설계(Construction Documents): 실시설계는 구매조달 단계를 거쳐 실제 시공자들이 시공에 활용할 수 있도록 도면을 시공 가능한 수준까지 발전시키는 단계야. 그러니까 시공 단계에서 건축주와 시공자 간에 정확한 의사소통을 할 수 있도록 도면의 구성과 표현, 치수 등이 정확히 표현되어야 하지. 보통 CD라고 하는데, 기획 단계에서의 설계안을 부르는 기획설계(Conceptual Design)와 혼동이 될 수 있으니 구분해서 불러야 한단다.

실시설계 도면이 모호하거나 도면 간 충돌이 있는 경우 건설현장에서는 건축사의 설계 의도를 명확하게 이해하기 위해 정보요청[11)]을 하는데, 정보가 명확해지기 전에는 공사를 진행하기 어렵기 때문에 정보요청 빈도가 적을수록 건설공사 효율이 향상된다는 연구 결과도 있어. 그러니까 실시

11) Request for Information, RFI

설계 도면은 모든 표현과 치수 등에 오류가 없도록 하는 게 중요하단다.

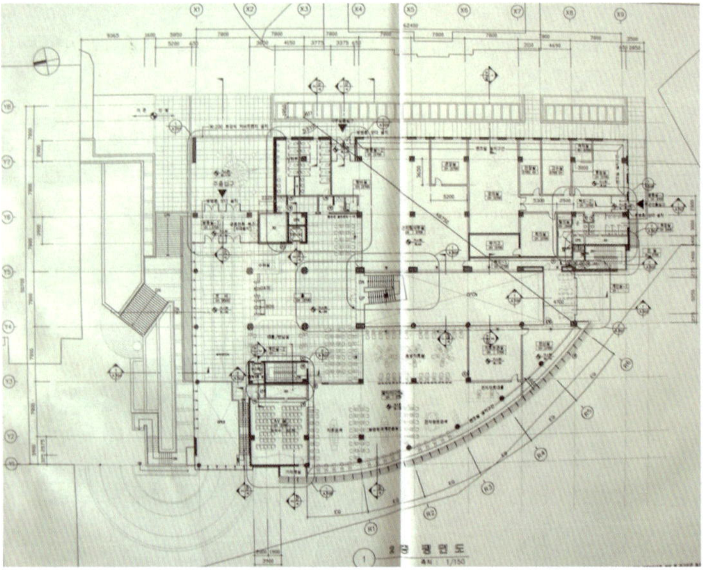

시방서(Specification): 그리고 설계 도면에 담을 수 없는 건축물에 대한 정보는 글로 표현하는데 이것을 시방서라고 부르지. 보통 재료의 재질과 품질, 시공 방법과 공법 같은 사항을 작성하는데 일종의 기준이 되는 표준 시방서에 더해서 해당 공사에 필요한 사항들을 특기시방서에 작성한단다.

건설사업관리사의 역할

때로 건축사가 만든 설계물이 건축주가 원하는 의도를 충실히 구현하지 못하더라도 안타깝게도 건축주는 도면 해석능력과 건축에 대한 지식이 부족해 이를 정확히 판단하기 어렵단다. 그리고 설계안을 실제로 짓기 위해 필요한 비용을 명확히 알기 어려워서 실제 시공 과정에서 비용이 늘어나는 경우가 매우 빈번하게 발생해.

그래서 건축주를 도와서 설계품질을 체계적으로 검증하고 설계 과정을 관리하는 업무를 수행할 필요성이 있는데, 이 역할을 수행하는 주체가 바로 건설사업관리사야. 즉, 건설사업관리사는 설계 과정에서 프로젝트 목표를 모든 설계 참여자들이 공유할 수 있도록 설계기준을 제시하고 설계 성과물 작성 일정을 관리해. 그리고 설계 참여자들과의 의사소통을 통해 설계에 발주자 요구사항이 충실히 반영될 수 있도록 유도하고, 설계오류 최소화, 설계 품질향상, 공사비 및 유지관리비 절감 등의 효과를 극대화하기 위한 업무를 수행한단다.

물론 건축사가 직접 설계관리 업무를 수행할 수도 있지만 스스로 만든 설계안에 대해서 경제성, 시공성, 합리성 등을 객관화하기 어렵지 않겠니? 그래서 보통 제3의 전문가인 건설사업관리사가 고용되어 설계 과정에서 발생되는 결과물들을 체계적으로 검토하고 관리한단다.

구체적으로 설계관리 업무는 설계검토, 비용계획, 분야별 기술검토 자문, 사업정보관리, 설계사 선정 등으로 나눌 수 있어. 사전 조사를 통해 발주자 요구사항을 명확하게 파악하고 나면 설계의 관리 방향, 목표 공기와 공사비 등이 결정되고 이런 정보들이 기준점이 되어서 설계가 검토되어야 한단다. 이 과정에서 VE(Value Engineering)[12]을 통한 재설계와 수정 과정을 거쳐 설계 품질을 높여 가지.

12) 우리말로 가치공학이라 하는데 보통 VE로 일컬어짐. 최소한의 비용으로 최대의 가치를 창출하는 기법으로 설계를 검토해서 가성비를 올린다는 개념으로 이해하면 쉽다

또 기본설계 및 실시설계의 정규도서 출도 전에 관련자의 설계검토 미팅을 통해서 설계 오류와 오해 등을 교정함으로써 오류 도서가 문제가 되지 않도록 사전에 관리하는 것도 중요해. 실시설계가 출도되면 전체적인 설계 예산을 재확인하고 물량 산출 등을 검토하여 시공 입찰을 준비하게 된단다.

건설사업관리사가 수행해야 할 설계도서 주요 검토사항은 ① 현장 조건에 부합 여부, ② 시공의 실제 가능 여부, ③ 타 사업 또는 타 공정과의 상호 부합 여부, ④ 설계도면, 시방서, 구조계산서, 산출내역서 등의 상호 일치 여부, ⑤ 설계서에 누락, 오류 등 불명확한 부분 존재 여부, ⑥ 물량내역서와 시공자가 제출한 산출내역서 수량과 일치 여부, ⑦ 시공 시 예상 문제점, ⑧ VE를 통한 기능 향상, 원가 절감 가능성 등이야.

VE의 의미와 대상사업

VE는 건설공사의 품질, 기능, 비용 등을 동시에 고려하여 건축물 가치 향상을 위한 창조적 대안을 창출하고자 하는 것이 목적이야. 이를 통해 설계 단계부터 부실설계 예방 및 과다설계를 방지하고 공사비 절감, 품질 확보, 그리고 설계 분야 기술개발 및 신기술 적용 촉진을 위한 효과를 기대하고 있단다.

VE 과정에서 최소의 생애주기비용[13]으로 시설물의 필요한 기능을 확보하기 위해서 설계 내용에 대한 경제성 및 현장 적용 타당성을 기능별, 대안별로 검토해. VE에서의 V, 즉 가치(Value)는 보통 기능(Function)에 대한 비용(Cost)의 비로 표현을 하는데, 단순히 비용을 절감시키는 것 뿐만 아니라 비용을 유지하거나 약간 상향하면서 기능을 향상시키는 것도 가능해. 가치를 향상시키기 위한 VE 활동에서는 비용과 기능의 상관관계를 적절히 조절하는 기술이 중요하단다.

VE는 크게 준비, 분석, 실행의 세 단계로 진행한단다. 준비 단계에서는 협력체계 구축, 공동목표 설정, VE를 위한 정보 확보 등을 해. 분석 단계에서는 VE 대안을 제시하고 마지막 실행 단계에서 채택된 대안을 설계에 반영하고 최종 보고서를 제출한단다.

건설기술진흥법 시행령에 의하면 VE 대상사업은 아래와 같아.

1) 총공사비 100억원 이상인 건설공사(일괄, 대안입찰 포함)
2) 공사시행 중 공사비 증가 10% 이상 설계변경이 요구되는 건설공사(물가변동제외)
3) 총공사비 100억원 미만인 건설공사에 대해서 발주청이 VE 검토가 필요하다고 인정하는 공사

13) 시설물 내구연한 동안 소요되는 비용으로 LCC(Life Cycle Cost)라 부름

구매조달 단계 참여자 역할 및 주요 결정사항

설계도면이 완성되면 건축사는 건축주에게 실시설계 도면, 시방서, 내역서, 사업 예정공정표 등을 성과품으로 제출해. 그러면 건축주는 관련 서류를 기반으로 시공사를 선정하게 되는 과정을 거치게 되는데 우리를 이 과정을 구매 및 조달 과정이라고 말해.

구매조달 단계는 짧게는 2~3개월, 길게는 4~5개월 과정을 거치게 되는데 목표는 간단해. 바로 우수한 시공사를 선정하고자 하는 거란다. 그리고 그 과정에서 일어나는 계약관리 업무를 수행해야 해.

입찰공고는 조달청 나라장터[14]에서 많이 이뤄지고 있으니까 참고하렴.

14) http://www.g2b.go.kr/

입찰 후 계약자가 선정되면 도급계약을 맺는단다. 그러기 위해서는 먼저 적절한 발주방식과 입낙찰 방식을 선정해야 해. 발주방식은 사업의 특성에 맞춰서 어떤 사업자들과 언제 계약을 맺어야 하는지 정하는 것이고 대표적으로 설계시공분리발주방식(DBB), 턴키 같은 방식들이 있어. 입낙찰 방식은 계약 후보자들에게 원하는 금액을 적어내도록 하는 입찰방식과 계약을 위해 그 중 적합해 보이는 한 업체를 선정하는 낙찰방식을 합친 말이야.

이러한 중요한 사항들이 결정이 되면 구매조달을 진행하기 위해 필요한 서류들을 준비하고, 구매조달 과정을 거쳐 업체를 선정하고, 필요한 경우 협상을 진행한 후 도급계약을 맺는 거지. 참고로 현장설명은 공고일로부터 7일(PQ심사 대상의 경우 30일) 이상의 기간을 두고 하게 되어 있단다.

다양한 발주방식과 입낙찰 방식에 대해서는 3장에서 자세하게 설명하도록 하고 여기에서는 계약에 대해서 조금 더 생각해 보자.

민법 제664조에 따르면 "도급"이란 당사자 일방(수급인)이 어떤 일을 완성할 것을 약정하고, 상대방(도급인)이 그 일의 결과에 대한 보수를 지급할 것을 약정함으로써 성립하는 것을 의미해. 따라서 계약은 법으로 강제할 수 있는 당사자 간의 약속이며 장래에 어떤 행위를 하거나 하지 않겠다고 하는 의사 표시라 할 수 있단다. 계약은 서면으로 구체화 되어야 하고 법적 요건을 충족해야 하는 법적인 약속이지.

정부 계약의 법적 성질로 계약자유 원칙, 신의성실 원칙, 권리남용 금지

원칙, 그리고 사정변경 원칙을 들 수 있어. 하나씩 간단히 설명해 줄게.

계약자유 원칙은 계약체결, 상대방 선택, 계약 내용 결정, 계약 방식 선택을 자유롭게 할 수 있다는 뜻이야. 신의성실 원칙은 민법에서 "권리의 행사와 의무의 이행은 신의에 쫓아 성실히 하여야 한다"고 규정하고 있는 만큼 계약 당사자가 권리를 행사하거나 의무를 이행함에 있어 신의와 성실로써 행동해야 한다는 뜻이야. 권리남용 금지 원칙은 민법 "권리는 남용하지 못한다"라는 규정에 따라 정부가 계약을 체결함에 있어서 계약상의 이익을 부당하게 제한하는 특약 또는 조건을 정하지 못하도록 하는 내용이야.

마지막으로 사정변경 원칙과 관련해서 지방계약법 제22조는 "계약을 체결한 후 물가 변동 및 설계 변경, 그 밖의 내용의 변경으로 인하여 계약금액을 조정할 필요가 있으면 대통령령으로 정하는 바에 따라 그 계약금액을 조정한다"라고 규정하고 있지. 즉, 계약 당사자들 사이에 예견할 수 없던 중대한 변경이 발생하였을 경우, 계약 당사자에게 부당한 결과가 발생할 수 있으므로 상대방에게 행위의 내용을 변경할 수 있도록 한다는 원칙이 사정변경의 원칙이야.

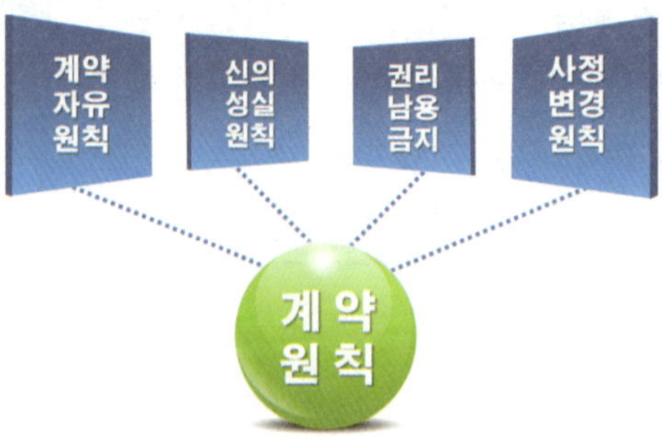

건설공사에서의 계약 목적물은 크게 공사, 물품, 용역으로 나눌 수 있어. 공사 분야에서의 목적물은 말 그대로 시공을 한 후 완성된 목적물을 말해. 건설공사 면허에 따라 분류를 하면 건설공사, 전기공사, 정보통신공사, 소방시설공사, 문화재공사, 기타공사가 있지. 계약 당사자 간 계약이 체결되면 계약 이행자는 공사 목적물을 완성해야 계약 이행 조건을 충족할 수 있단다. 물품 분야에서의 목적물은 건설공사에 필요한 물품을 말해. 건축 프로젝트에서 물품의 목적물 완성 조건은 납품을 말하고 목적물 대상을 납품하면 목적물을 완성하였다고 볼 수 있단다. 마지막은 용역 분야로 일반, 기술, 폐기물 처리 용역 등이 있어. 시공에 필요한 기술적인 분야에 대한 컨설팅, 시공 후 버려진 폐자재에 대한 폐기물 처리 용역 등이 있단다.

그러니까 구매조달 단계는 건축주와 시공사가 계약의 법적 성질을 바탕으로 계약 목적물에 대한 이행 합의를 하고 이를 문서로 작성한 후 시공 단계로 진행시키는 과정이야.

시공 단계 참여자 역할 및 주요 결정사항

건축주와 시공사 간 계약이 완료되면 시공사는 본격적으로 대지에 건축물을 짓기 위한 준비를 시작해. 일반 사람들이 볼 때 정작 눈에 보이는 것은 건축물이 올라가는 광경이겠지만 실제 현장이 개설되어 운영될 때까지 많은 건축 전문가의 손을 필요로 하는 많은 일들이 있단다.

현장투입인력 준비: 맨 먼저 해야 할 일은 건축 프로젝트에 투입되어 현장 관리를 할 팀을 꾸려야 하는 거야. 여기에는 현장을 책임지고 관리할 현장 대리인, 현장 공사를 담당하는 공사팀, 현장과 관련된 서류 업무를 담당하는 공무팀, 안전을 책임지는 안전팀, 현장의 품질을 관리하는 품질팀 등이 있어.

실행예산 편성: 기업의 목적은 수익 창출일거야. 현장 대리인은 이 프로젝트를 얼마에 끝마칠지 사전 검토를 하고 본사의 승인을 받는단다. 즉 "현장 실행예산"을 편성하는 거지. 만약 실행예산이 수주금액 보다 높다면 이 사업은 손해를 보는 거니까 시공사는 신중히 결정해서 입찰에 참여해야 한단다.

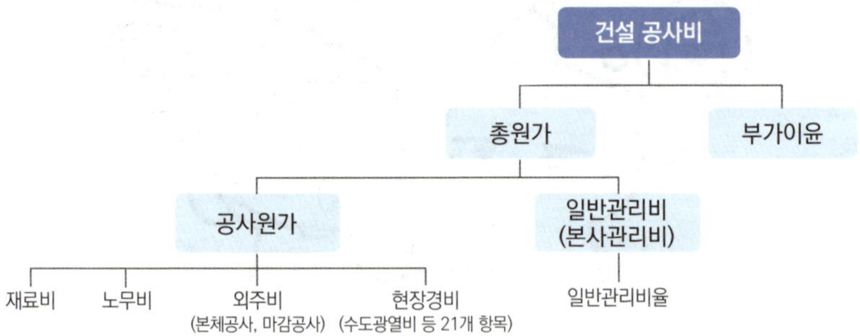

킥오프 미팅(Kick-Off Meeting, KOM) 수행: 본격적인 건설공사를 수행하기 전 현장에 투입되는 관리 인력들은 건축주와 사전 회의를 해. 여기에서 사업 수행 방향, 진행 시 예상되는 문제점 및 해결 방안, 공사관리 방안, 공정관리 방안, 품질관리 방안, 안전관리 방안, 환경관리 방안 등에 대해 건축주에게 보고하고 건축주의 의견을 듣는단다.

착공계 제출: 건설공사를 진행하기 전에 건축주와 인·허가권자에게 착공신고를 해야 공사를 진행할 수 있어. 계약체결 시 건축주가 요청하는 시기까지 제출하고 인·허가권자에게 착공신고 후 "착공신고필증"을 받아야 공사를 시작할 수 있기 때문에 도급계약 후 관련 서류를 사전 준비해야 한단다.

착공 준비서류

우선 착공신고서에는 공사명과 공사계약일, 공사착공일, 공사준공일, 계약금액이 포함되어야 해. 그리고 현장대리인계(책임지고 현장을 이끌어 가는 분), 안전관리자 선임계(현장 안전을 총괄하는 중요한 업무를 담당), 품질관리자 선임계(콘크리트, 철근 등 주요 자재 품질뿐 아니라 시공 과정에서의 품질을 담당)도 내야 한단다.

현장 안전의 중요성 때문에 안전관리계획서와 안전관리비 사용계획서도 제출해야 하고, 품질관리 및 시험계획서도 작성해서 제출해야 해.

그리고 기타 도급계약서 사본, 계약 내역서, 예정공정표, 회사 제반서류, 기술지도 계약서, 비산먼지 특정공사 필증 사본 등을 함께 내야 착공신고를 할 수 있단다.

현장 조사: 착공신고필증을 발급받았다면 지금부터는 본격적인 건설공사를 진행해야 해. 건설공사 단계는 많은 위험 요소가 도사리고 있고 쉽게 사고로 이어질 수 있어. 현장에 대한 파악을 정확히 하지 못해 예상치 못하게 공기가 지연되기도 하고 비용을 발생시키기도 한단다. 그래서 이러한 문제를 최대한 방지하기 위해서는 철저한 현장 조사가 선행되어야 해.

우선 계약서, 설계도면, 시방서, 각종 계산서 등을 철저히 파악하고 검토하는 것은 기본이야. 그리고 사전 현장 조사를 통해서 토질, 지형 등 대지 조건과 부지 주변 교통량, 인접 건축물, 인접 주민과의 분쟁 여부 등을 검토해야 한단다.

현장 조사 시에는 대지경계선을 확인하고 대지 내 시설물과 지중 매설물을 조사해. 분쟁을 대비해서 인접 건축물을 조사하고 지반조사도 수행해야 해. 그리고 공사용 전력과 급배수 설비를 어떻게 공급할 것인지 등에 대해서 철저하게 조사하여 공사준비를 해야 한단다.

여기에서 지반에 대한 조사는 특히 중요해. "열 길 물 속은 알아도 한 길

사람 속은 모른다"라는 속담 들어 봤지? 사람의 내면과 감정은 쉽게 알 수가 없다는 말이잖아. 한 길은 약 1.8미터를 의미하기 때문에 열 길은 약 18미터를 의미해. 그럼 정말 물 속은 다 알 수 있을까? 직접 들어가 보기 전에는 아무도 알 수가 없단다. 그렇다면 땅 속은 어떨까? 우리가 직접 파서 들어가지 않는 한 알 수가 없을 거야. 중요한 점은 건축물을 지을 때 우리는 땅 속을 많이 사용할 수 밖에 없고 그래서 건축물이 안전하게 유지하기 위해서는 안전한 지반에 건축물을 세워야 한다는 것이지.

그래서 건축 프로젝트에서는 무려 세 번에 걸쳐서 지반조사를 진행하고 그 결과에 따라 흙막이벽[15] 설계와 어떤 종류의 기초를 적용할 것인지를 결정하게 된단다. 먼저 예비조사는 이건 건축주가 설계 용역 발주 전에 지반조사를 하는 과정으로 이를 통해서 넓은 범위를 대상으로 지반 특성을 파악하는 과정이야. 두 번째는 본조사인데 설계 단계에서 설계사가 조사하는 과정으로 대지나 구조물 위치를 결정한 후 지층의 분포 및 공학적 특성을 파악하는 거란다. 마지막은 보완조사로 시공사가 공사 진행 전에 다시 한 번 조사를 진행하여 설계사가 조사한 지반조사 결과가 적정한지, 혹시 다른 지반 특성이 있는지를 재확인하는 작업이야. 이렇게 여러 번 지반조사를 진행한다는 것만 봐도 얼마나 땅 속 환경이 다양하고 사업에의 영향이 큰 것인지 알겠지?

15) 굴착공사 시 토사 붕괴를 막기 위해 굴착면에 설치하는 벽

가설공사: 가설공사는 본공사를 시작하기 전에 현장을 일하기 좋게 셋팅하는 과정이라 생각할 수 있단다. 가설펜스 설치, 가설 건축물 설치, 급배수 설비와 작업공간 확보 등 건축물이 다 지어지면 없어질 것들이지만 공사를 하기 위해서는 꼭 필요한 것들을 준비하는 단계이지.

먼저 가설펜스는 건설현장 무단출입, 도난방지 및 보행자 위험방지 등 건설 안전을 위해 설치해. 그뿐만 아니라 공사 과정 중 발생되는 소음, 분진 방지를 위해서도 필요하단다.

건설공사 시 참여자들이 사용할 수 있는 건축물이 필요한데 이러한 건축물을 "가설 건축물"이라고 해. 즉, 영구히 존치하는 것이 아니라 건설 과정 중에만 설치, 운영하는 것을 의미하기 때문에 건설공사가 끝나고 나서는 해체해야 한단다. 가설 건축물은 건설사업관리단 사무소, 현장사무소, 협력업체 사무실, 시험실, 식당, 창고, 화장실 등이 있는데 규모와 배치에 대한 계획을 수립하고 공사를 진행해야 한단다.

또 건설공사 진행 시 충분한 작업공간을 확보하고 사용되는 자재들을 어디에 보관, 관리를 할 것인지 사전에 계획해야 해.

건설공사 과정 중에 전기와 물이 없으면 공사를 진행할 수 없단다. 타워크레인, 철근 가공작업, 조명 등 다양한 작업에 전기가 사용되고 물은 다양한 가설 건축물을 사용할 때 꼭 필요해. 그래서 공사 전 건설공사에 사용되는 전력량을 사전 예측해서 한국전력과 전기 공급에 대한 사전 협의를 진행해야 한단다. 급수는 인입 위치나 인입 지름을 계획하고 배수는 오수 정화 처리기준 및 시설에 대해서 검토해야 해.

대지측량(경계측량)은 인접지 및 도로경계의 확정 뿐 아니라 부지 면적, 건축물의 위치를 확인할 수 있기 때문에 건설공사 참여자들이 참관하여 확인하는 것이 중요해. 또한 벤치마크는 공사 현장에서 높이 기준이 되는 점을 표시하는 역할을 하기 때문에 벤치마크의 위치와 표고를 설계도서에 명확하게 표기하고 그 설치날짜와 담당자 등을 현장기록부에 정리하여 관리해야 한단다.

마지막으로 타워크레인은 건설공사에서 중요한 장비란다. 무거운 자재들을 높은 곳까지 운반해야 하기 때문에 타워크레인을 어디에 설치하고 어떤 모델을 적용할 것인지에 대한 사전 검토가 필요해. 검토 시 가설펜스를 넘어가서 인근 도로를 침범하는지, 충분한 양중반경을 확보할 수 있는지 확인하고 다른 타워크레인과의 중첩을 최소화하여 작업 효율성을 향상시켜야 한단다.

본공사: 건설공사 준비가 완료되었다면 본공사를 시작할 수 있어. 지금까지 열심히 사전 준비한 것을 기반으로 건설공사가 진행되는 거지. 대략 토공사, 기초공사, 골조공사, 마감공사 순으로 진행된단다.

토공사란 지하구조물을 축조하기 위한 목적으로 땅의 형태를 원하는 대로 만들어두는 공사야. 토공사를 진행하기 전에 설계도서, 시방서, 지반조사 보고서를 파악하여 공사를 준비하고 대지 주변 확인을 통해 전기, 수도, 하수, 가스, 통신 등 매설관 위치를 확인해야 한단다. 토공사에서 중요한 것이 흙막이 공사인데 지하구조물 축조 시 주변의 흙이 작업하는 공간으로 밀려 들어오지 않게 벽을 설치하는 거란다.

흔히 "기초가 중요하다"는 말을 하는데 건축물에 있어서도 가장 중요한 부위가 기초일 거야. 기초공사는 건축물의 최하부에서 건축물 전체 하중을 지반에 전달시키는 구조부를 만드는 작업이야. 즉, 건축물이 지반에 단단하게 고정되어 지진이나 바람 등의 외력에 견딜 수 있게 하는 작업이지.

토공사와 기초공사에는 여러 공법들이 있어서 건축 전문가들은 다양한 공법에 대한 이해가 꼭 필요하단다. 대지 면적이 넓거나 좁을 때, 지반이 단단하거나 부드러울 때 등 다양한 경우에 대비한 다양한 공법들이 계속해서 개발되고 적용되고 있단다.

토공사(좌)와 기초공사(우)

골조공사는 구조적으로 튼튼하게 건물의 뼈대를 세우는 공사로 기초 위에 기둥, 보, 바닥, 벽, 계단 등을 만드는 과정을 의미해. 골조를 만드는 방식은 재료에 따라 철골을 사용하거나 콘크리트로 구분할 수도 있고, 또 외력에 더 효율적으로 대응하거나 사용상의 요구사항에 대응하기 위한 새로운 방식이 개발되고 있기도 하단다.

마감공사는 우리가 만든 구조물을 아름답게 꾸미는 과정이야. 어떤 색상과 모양의 재료를 선택하느냐에 따라서 구조물의 인상이 많이 달라지니까 설계 단계에서부터 많은 고민과 생각이 필요하단다.

골조공사(좌)와 마감공사(우)

유지관리 단계 참여자 역할 및 주요 결정사항

건설 과정이 모두 끝난 상태를 "준공"이라고 해. 그러면 모든 건축 프로젝트가 끝난 걸까? 아니야. 또 다른 과정이 기다리고 있는데 그 단계를 "유지관리 단계"라고 해.

유지관리란 완공된 건축물의 기능을 보전하고 시설물 이용자의 편의와 안전을 도모하기 위하여 일상적으로 점검, 정비하고 손상된 부분을 원상복구하는 등 시설의 기능 유지와 보전에 필요한 활동을 하는 것을 말한단다. 기존에 구조물의 내구연한을 30년 정도로 생각했다면 이제는 50년 이상 구조물을 유지하는 시대로 바뀌고 있어. 건축물은 시간이 지나면서 외부 환경에 노출되어 구조적으로 문제를 일으킬 수 있으니까 유지관리 책임자는 건물의 안전성을 지속적으로 점검하고 확인해야 한단다.

"시설물의 안전 및 유지관리에 관한 특별법"(시설물안전법)은 건축 및 토목 시설물들에 대한 안전과 유지관리에 대한 내용을 담고 있어. 시설물안전법에 따른 안전점검은 시설물의 상태를 판단하고 시설물이 점검 당시의 사용요건을 만족시키고 있는지 확인하는 것인데 다시 시설물 외관만 조사하는 정기안전점검과 측정 장비를 이용한 조사까지 포함하는 정밀안전점검으로 구분돼. 정밀안전진단은 시설물의 물리적, 기능적 결함에 대한 신속하고 적절한 조치를 하기 위해서 구조적 안전성과 결함 원인 등을 조사하고 대응책을 제시하는 거야. 뒤로 갈수록 수준이 상세해지는 만큼 실시 빈도는 낮아진단다.

주위를 둘러보면 건설공사가 사방에서 일어나고 있는 것을 알 수 있을 거야. 그래서 유지관리를 위한 법적관리 대상 시설물 수가 지속적으로 증가하고 있지. 이미 관리대상 시설물이 17만여 개 수준으로 매년 평균 6천 개 이상의 시설물이 추가되고 있단다.

그에 비해 안전진단 및 유지관리 시장 인프라는 턱없이 부족한 수준인 것이 사실이야. 구조물의 손상이나 성능 저하를 IT 기술로 실시간 감지하는 구조물 안전성 모니터링[16] 같은 기술도 속속 개발되고 있지만, 안전진단과 유지관리 분야에 대한 교육이 보다 체계적으로 이루어질 필요가 있단다. 한번 짓고 끝이 아니라 지속적으로 관리하며 사용자들에게 안전한 공간을 제공하는 것, 건축 전문가로서 만들어가야 하는 세상이 아닐까?

16) Structural Health Monitoring, SHM

또 BEMS[17]라 불리는 건물에너지관리시스템도 주목할 필요가 있단다. BEMS는 건축물 실내 환경을 쾌적하게 유지하고 효율적으로 에너지를 관리하기 위해서 건물의 에너지 사용 내역을 모니터링하기도 하고 건축물 에너지 사용을 최적화하기도 하는 시스템을 말해. 유지관리 단계는 그 기간이 긴 만큼 효율적인 에너지 관리를 통해 환경에 끼치는 영향을 최소화하는 것이 중요하단다.

※ 출처: (사)한국EMS협회 웹사이트

마지막으로, 건축물의 유지관리 기간은 매우 길기 때문에 때로 바뀌는 건축물의 사용 용도나 상업적 가치 저하 등에 대응하기 위해 리모델링을 결정하고 수행해야 할 수도 있단다. 또, 건축물을 보다 친환경적으로 바꾸기 위해서 리모델링을 수행하는 경우도 있어.

17) Building Energy Management System

리모델링은 기존 건축물의 구조체 또는 특징적 의장 요소 등을 유지, 보존하면서 개선된 외관 및 기능을 부여하는 건축행위를 말한단다. 기존의 노후된 건축물을 개보수함으로써 기능을 보완하고 실용성, 효율성, 미관 등의 개선을 통하여 수익성을 높임으로써 궁극적으로 건축물의 가치를 극대화하고자 하는 것이지.

신축공사 대비 30%에서 70% 수준으로 적은 공사비를 들여서 노후화된 기존 건축물의 설비. 전기, 외관 등을 보완하거나 교체함으로써 신축 건축물과 동등한 가치를 제공해. 그리고 신축공사 당시의 건축법을 적용하기 때문에 개정, 강화된 건축법의 제한을 받지 않는다는 장점도 있지.

하지만 리모델링도 기획부터 설계, 조달, 시공의 과정을 거치는 새로운 사업이기 때문에 결정은 신중해야 한단다. 지어진 건축물을 깨끗하고 안전하게 유지관리하다가 적절한 타이밍에 리모델링해서 새 생명을 불어넣는 것, 건축 전문가의 매력이 아닐까?

리모델링 범위

건축법에 따른 구분

1. **개·보수** : 내력벽은 손대지 않고 건물의 전체적인 분위기가 새롭게 느껴지도록 외벽과 내부 구조 일부만 변경
2. **대수선** : 건물의 내력벽을 포함하여 공사 건물의 내부와 외벽 전체 및 내부구조 등을 변경하는 공사
3. **증·개축** : 건물의 내·외부 개보수는 물론 증축 또는 일부 개축을 곁들이는 공사

해체 단계 참여자 역할 및 주요 결정사항

지속적인 건축물의 노후화 및 재개발, 재건축으로 인해 해체공사는 증가하고 있는 추세란다. 이러한 해체공사 증가에 따라 비산먼지, 소음, 진동 등으로 인한 민원이 다양하게 발생하고 해체공사 도중의 안전사고도 계속 발생하고 있단다.

그래서 해체공사 안전 확보를 목적으로 2020년에 "건축물관리법"과 "건축물 해체계획서의 작성 및 감리업무 등에 관한 기준"이 제정, 시행되었어. 이후 건축물 해체계획서를 작성하는 것이 의무화되었고, 해체공사 상주 감리자가 지정되어 법에서 정한 감리 업무를 수행해야 한단다. 하지만 2021년 6월 광주광역시에서 해체공사 붕괴 사고가 나서 아홉 명이 사망하고 여덟 명이 중상을 입는 일이 있었고 건축물관리법 일부가 개정되기도 했어.

해체계획서의 작성 내용

건축물관리법 시행규칙에 따라 해체계획서에는 다음 내용이 포함되어야 한단다.

1. 해체공사의 공정 등 해체공사의 개요
2. 건축설비의 이동, 철거 및 보호 등에 관한 사항
3. 해체공사 작업순서, 해체공법 및 이에 따른 구조안전계획
4. 해체공사 현장의 화재 방지대책, 공해 방지 방안, 교통안전 방안, 안전통로 확보 및 낙하 방지대책 등 안전관리대책
5. 해체물의 처리계획
6. 해체공사 후 부지정리 및 인근 환경의 보수 및 보상 등에 관한 사항

해체공사는 사전 조사, 현장 조사, 해체공법 선정, 해체계획서 작성, 필요한 경우 구조안전성 검토, 작성자 또는 검토자 서명날인, 허가기관 제출, 감리자 지정, 착공신고, 해체공사 수행, 완료보고서 제출의 순으로 진행하고 있어.

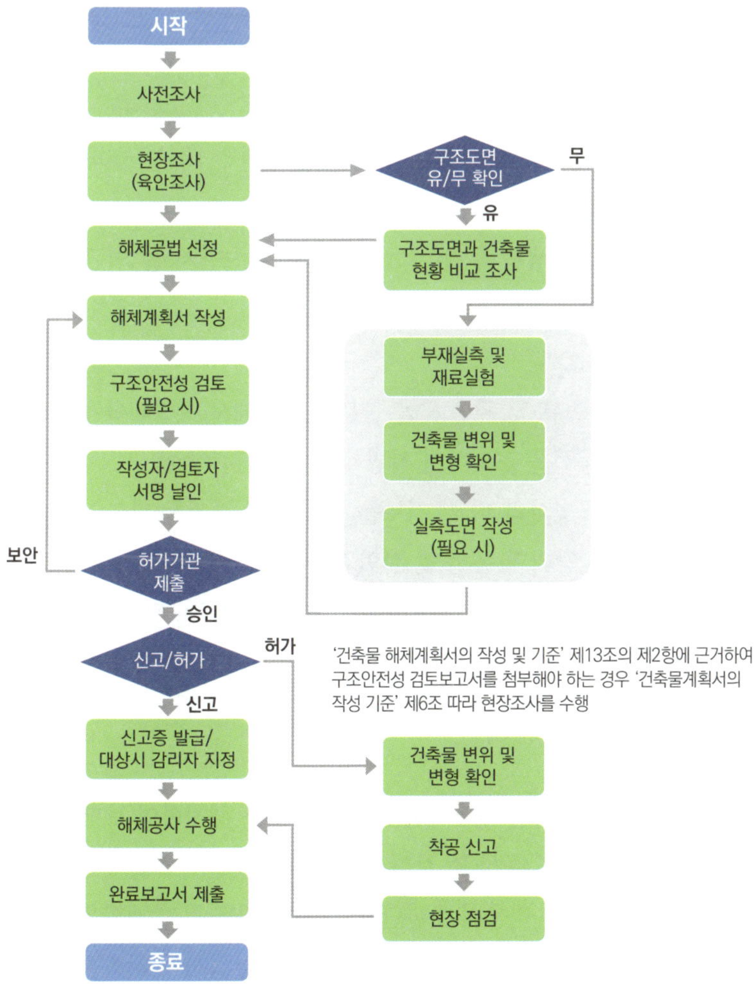

일본 등 외국에서는 해체공학이라고 해서 건축물을 안전하고 효율적으로 해체하는 데 필요한 기술과 방법을 고민하고 연구하고 있지만, 우리나라에는 아직 이런 분야의 전문가가 턱없이 부족해. 하지만 해체로 인한 안전사고 발생, 그리고 해체시 환경 피해 최소화에 대한 관심, 그리고 우후죽순 늘어나고 있는 고층 건축물의 내구연한에 따른 해체 시기 도래 등으로 수요가 늘어나고 있는 분야라 할 수 있단다.

여기에서는 해체계획서 작성에 대해 좀 더 알아볼까 해. 먼저 해체 건축물 주변 조사를 수행해야 하는데 이때 지하 매설물과 유해물질 조사, 그리고 해체공사 시 발생될 수 있는 소음, 진동, 비산먼지 등 인근 지역의 피해 여부도 체크해야 해.

투입되는 장비는 종류 및 제원 등을 충분히 고려해서 작업계획에 반영하고 현장 진출입 동선을 고려하여 작업계획을 수립해야 해. 또, 해체공법 선정 시에 다른 공법과의 비교, 검토를 통해 선정 근거를 명확히 밝혀야 하고, 작업순서는 장비의 동선 및 작업 반경 등을 충분히 고려해서 계획해야 해. 만약 폭파에 의한 해체공사를 진행할 때는 폭파진동 및 폭풍압, 발파압 등에 대한 구조 검토와 해체 건축물과 인접 건축물의 영향 평가를 수행해야 하지.

주변 보행자 통행이 많은 경우에는 교통 안내원을 배치하여 보행자가 안전하게 통행할 수 있도록 하고, 보행자 안전통로를 별도로 설치해서 보행자 안전관리에 만전을 기울어야 한단다. 해체 잔재물 처리 계획은 폐기물 투하계획, 운반 및 보관계획, 반출계획 등으로 세분화하여 계획을 수립해야 되고, 처리 순서에 따라 계획을 수립하고 관리해야 한단다.

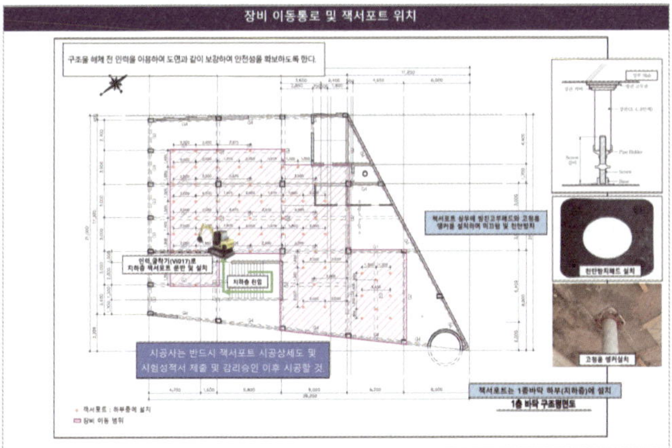

장비 이동통로 및 잭서포트 위치 사례

해체 잔재물 운반계획 사례

해체공사 후에는 부지를 정리해야 하는데, 부지 평탄화 작업 및 배수로 정비에 대한 계획이 수립되어야 해. 그리고 인접 건축물 및 보도, 통행로, 기타 접근로 등에 피해가 발생할 경우에 대비한 복구계획 및 보상계획까지 수립해야 한단다.

정리: 건축 프로젝트가 단계별 어떤 일이 일어나더라?

모든 업무는 순서와 절차가 있는 것처럼 건축 프로젝트도 절차에 의해서 진행된단다. 건축 프로젝트는 크게 여섯 단계에 걸쳐서 진행되는데 그 첫 번째 단계가 기획 단계야. 기획 단계에서는 경제적 타당성을 따져서 사업이 진행될지 말지를 결정해. 또 자료 분석과 현장 조사를 통해 어떤 시설을 갖추면 좋을지에 대한 스페이스 프로그램을 개발하고 관련 법규 검토 및 예산계획을 수립한단다.

두 번째 단계가 설계 단계야. 기획 단계에서 발생된 데이터를 기반으로 실제 내가 생각하는 건축물을 설계도면으로 표현해 내는 작업이야. 이 과정이 건축 프로젝트 단계에서 가장 중요한 단계란다. 이 단계에서 공정, 원가, 품질 수준이 결정되기 때문에 프로젝트가 성공하기 위해서는 가장 철저하게 관리를 해야 하는 단계야. 건축사는 발주자의 요구사항을 명확히 파악하여 설계 업무를 진행하고 VE와 LCC 검토를 거쳐서 더욱 더 효율적인 건축물을 짓게 되는 거야.

세 번째 단계는 구매 및 조달 단계로 저렴한 비용으로 우수한 품질을 갖춘 건축물을 안전하게 지을 수 있는 시공사를 선정하고 계약을 관리하는 단계야. 이 단계를 통해 시공사가 선정되고 도급계약이 이루어지면서 본격적인 사업이 진행된단다.

네 번째는 시공 단계야. 시공사는 공사를 진행하기 전 현장에 투입될 인력을 결정하고 실행예산을 편성한 후 발주자와의 KOM을 진행해. 이를 시작으로 사업이 진행되는데, 시공자는 착공 전 발주자와 인·허가권자에게 착공계 서류를 제출해야 한단다. 공사 전 현장조사를 통해 위험요소를 사전 확인하고 지반조사를 통해서 지질 상태를 재확인하는 것도 잊으면 안돼. 이렇게 많은 정보를 바탕으로 시공자는 가설펜스, 가설 건축물, 가설 전기 급·배수 설비 등 가설공사에 대한 사전 계획을 철저하게 수립하고 공사를 진행하는 거야.

다섯 번째는 유지관리 단계야. 건설공사가 끝났다고 해서 프로젝트는 끝난 것이 아니야. 지어진 건축물을 이제 약 50년 동안 사용해야 하거든. 건축물은 시간이 지나면서 외부 환경에 노출되어 구조적으로 문제를 일으킬 수 있으니까 유지관리 책임자는 건물의 안전성을 지속적으로 점검하고 확인해야 한단다. 또 유지관리 단계는 그 기간이 긴 만큼 BEMS 등을 통해 효율적인 에너지 관리를 통해 환경에 끼치는 영향을 최소화하는 것이 중요하단다. 그리고 필요한 경우 리모델링 의사결정도 해야 하지.

여섯 번째는 해체 단계야. 사실 해체 단계는 설계 단계에서부터 함께 검토될 필요성이 있어. 우리나라는 국토 면적이 좁기 때문에 지하구조물을 많이 만들어낼 수 밖에 없고, 이러한 지하구조물은 해체공사 시 많은 공사비용과 안전사고 위험을 발생시킨단다. 그래서 어떻게 하면 저렴한 공사비로 구조물을 안전하게 해체할 수 있을지에 대한 고민이 필요하단다. 또 건축물 해체 시 인허가권자에게 해체공사에 대한 허가를 받고 진행해야 하고 이때 해체계획서를 제출해야 하는 것도 잊으면 안돼.

해외사례: 기획 과정에서부터 제대로 하기 위한 워크플레이스 플래닝

기획 단계에서 작성되는 스페이스 프로그램이 건축물의 각 공간별 크기와 개수를 정리한 문서라는 건 알고 있지? 전통적으로 스페이스 프로그램은 단순히 유사 프로젝트를 검토하거나 관련 법령의 최소기준을 만족시킴으로써 이루어진단다. 예를 들어 시청 건물을 짓고자 할 때, 옆 도시 시청 건물의 공간 개수와 크기를 검토한 후 더하거나 빼는 식이야. 이는 이러한 방식이 편하기 때문이기도 하지만 적절히 스페이스 프로그램을 검토, 분석하는 툴이 없기 때문이기도 해.

이러한 방식은 각 프로젝트의 성격이 고유하고 사용자들의 행위가 다를 수 있음을 간과하고 있어. 그 결과 발주자에게 큰 재정적 부담으로 시작한 프로젝트가 결국 사용자에 적합하지 않은, 그래서 프로젝트 목표 달성에 큰 도움을 줄 수 없는 건물을 제공하는 것으로 끝이 날 수 있단다. 즉, 시작부터 잘못된 방향으로 프로젝트가 진행될 수 있다는 거야.

이러한 문제를 해결하기 위해 핀란드(Finland)의 한 프로젝트 관리 회사는 기획 단계에서 사용할 수 있는 워크플레이스 플래닝(Workplace Planning)이라는 시스템을 개발했단다. 플래너는 미리 작성한 스페이스 프로그램과 함께 사용자들이 건축물 공간을 어떻게 사용할 계획인지 시스템에 입력해. 그러면 이 시스템은 각 공간이 얼마나 사용될지 수학적으로 계산해서 알려주고, 플래너는 이 정보를 바탕으로 발주자와 상의해서 스페이스 프로그램을 변경할 수 있도록 하지.

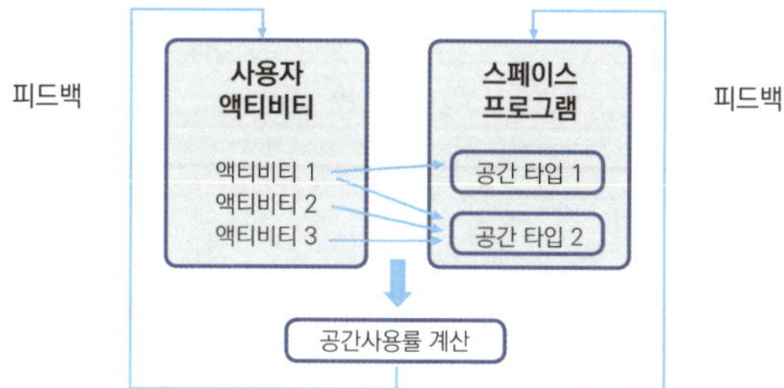

워크플레이스 플래닝이 사용된 사례 하나를 소개해 줄게. 핀란드에 있는 한 정형외과 병원은 2009년 건축물의 공간 부족 문제를 해결하기 위해 이 워크플레이스 플래닝 회사에 컨설팅을 의뢰하였어.

플래너는 병원 매니저들을 인터뷰하고 시설을 직접 방문해서 사용자들의 공간 사용 방법을 분석하였단다. 분석을 바탕으로 사용자 액티비티 수행을 위한 공간 개수를 체계적으로 결정했어. 또 플래너는 수술실 디자인 트렌드를 조사해서 적절한 수술실 크기를 결정했어. 이렇게 설정된 스페이스 프로그램에 따라 기존 건물 공간이 재할당되고 리모델링이 진행되었지.

이 과정을 통해 결과적으로 수술실 개수는 여섯 개에서 다섯 개로 줄었고 크기는 늘어나게 되었어. 그 결과 수술실은 새로운 기술을 받아들이고 공간을 유연하게 사용할 수 있게 되었단다. 저장공간과 사무실 공간이 늘어났고 이는 병원의 안전성 문제와 인체공학적인 공간 제공에 도움을 주었어. 프로젝트 초기에 논의되었던 건물 일부 신축안 대신 플래너는 오히려 병원의 전체 사용 공간을 줄일 수 있었는데, 이는 오로지 공간 효율성 증대, 공간적 보틀넷 제거 등을 통한 것이란다.

제 3 장

건축 프로젝트는 어떻게 시작되고 운영되는가?

건축 프로젝트를 시작하는 것은 막대한 비용과 인력을 끌어모아야 하는 매우 어렵고 전문적인 작업이야. 프로젝트의 상황에 따라 다양한 진행 방식을 고를 수 있고 그 책임도 오롯이 져야 하거든. 건축 프로젝트를 조직하는 기술에 대해 배워볼까?

3

SECTION

프로젝트를 위한 자금 조달

건축물 하나를 새로 만들려면 막대한 비용이 들기 때문에 발주자 입장에서는 상당히 큰 결심을 해야 해. 그 정도의 비용은 마련하기도 쉽지 않을 뿐더러, 다른 곳에 쓰는게 더 나을 수도 있거든.

이걸 기회비용(opportunity cost)이라고 하는데, 즉 어떤 의사결정으로 인해 놓치게 된 기회를 만약 누렸다면 얻을 수 있었던 이득을 의미해. 예를 들어, 어떤 회사가 사옥을 짓는 프로젝트를 시작하지 않는다면 그 돈으로 멋진 모델을 고용해서 TV 광고를 할 수도 있고, 아니면 제품을 위한 연구개발에 사용하거나 우수한 직원들을 고용하기 위해 사용할 수도 있는거지.

그러니까 건축 프로젝트의 규모가 어떻든 발주자 입장에서는 다른 데 사용할 수 있는 막대한 돈을 투자하는 거니 신중할 수밖에 없는거지. 발주자 입장에서 건축 프로젝트를 일으키기 위해 고려해야 하는 비용은 참 다양하단다.

건축물을 시공하고, 조경과 주차공간을 조성하기 위한 비용도 필요하지만, 그 밖에도 많은 비용이 들어가. 토지 매입과 개발에 들어가는 비용도 있고, 각종 인허가를 위한 비용도 필요하지. 건축물을 설계하는데 들어가는 설계비와 시공 중에 발생하는 감리비도 있지.

또 건축물을 짓고 사용하는 데는 환경에 영향을 크게 미치기 때문에 환경영향평가를 수행해야 하기도 하고, 건축 과정에서 프로젝트 관리 전문가를 고용하면 또 비용이 발생해. 건축물을 짓게 되면 그 안에 새로 들어가는 장비들과 가구들도 있고 하다못해 이사에도 돈이 드니 정말 비용 항목들이 많지 않아?

하지만, 더 큰 문제는 이렇게 많은 비용 항목에 대응하기 위한 자금을 어떻게 조달하느냐야!

건설사업은 막대한 자금을 초기에 투입하고 긴 사업 시간 후에 수익이 나는 경우가 많아. 그래서 경제적으로 이득이 많은 좋은 사업 기회를 발견했을 지라도 발주자의 자금이 충분하지 않을 수 있는데, 이 경우에 자금을 어떻게 조달할지 고민이 시작되지. 자금 조달은 이자와 같이 비용을 발생시키기 때문에 이런 비용들 때문에 좋아 보였던 사업이 갑자기 나빠 보일 수도 있어.

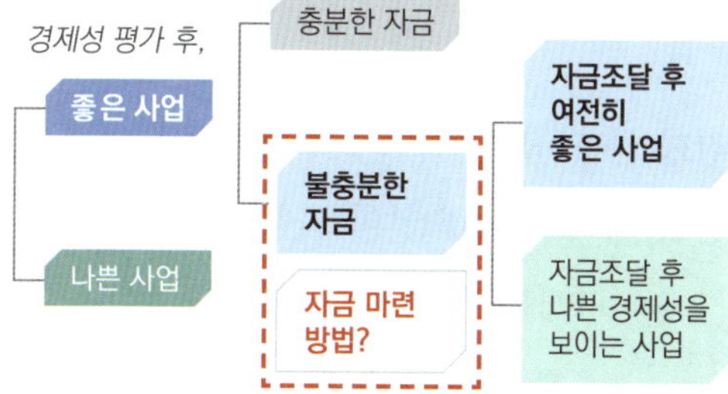

어떤 사업을 하기 위한 자금 마련 방법에는 몇 가지가 있단다.

첫 번째 방법은 주식 상장을 하거나 투자자를 찾음으로써 자본을 늘이는 방법이야. 주식 상장은 보통 규모가 크고 이미 자리잡은 회사들이 많이 수행하고, 쉽지 않은 과정을 거쳐 이루어져. 보다 규모가 작은 회사라면 벤처 캐피탈 같은 투자자들의 투자를 받는 방법을 사용해 주식을 대중들이 아닌 특정 투자자에게 양도함으로써 자금을 마련할 수도 있지.

이렇게 회사의 자본을 늘여서 건축 프로젝트를 시작하는 방법은 투자자들에게 이자를 지급할 의무가 없어 채무유동성 문제를 불러일으키지 않는다는 장점이 있어. 반면, 회사의 주식을 회사 외부에 넘김으로써 회사의 활동에 대한 중요한 결정권을 외부와 공유한다는 단점도 있단다.

두 번째 방법은 은행에서 돈을 대출받아(부채를 만들어서) 자금을 마련하는 방법이야. 이러한 방식은 자본을 증가시키는 방법보다 빠르게 이루어질 수 있어. 또, 어디에 투자를 하든지 채권자들이 개입할 수 없기 때문에 기업 운영의 자율성을 보장하기도 하지. 하지만 차입한 원금에 대해 이자를 지불해야 하는 의무가 있어서 자금흐름에 유의해야 하고, 사업이 잘 이루어지지 않았을 때 피해를 크게 볼 수도 있어.

진짜 하고 싶은 얘기는 이거야. 건설사업은 저 두 가지 방법 외에 독특한 방식의 자금 조달이 가능한데, 그것이 프로젝트 파이낸싱(Project Financing, PF)이야.

이 방식은 하나의 프로젝트만을 위한 새로운 회사를 만드는 것인데, 이러한 회사를 특별목적법인[18]이라고 한단다. 이 회사는 자본금을 사업주(sponsor)들을 통해 구성하고 부채는 대주(lenders)들을 통해 구성해. 그렇게 만들어진 회사는 프로젝트 수행을 통해 현금흐름을 창출하고, 이는 먼저 기업과 사업의 운영에, 그리고 대주들의 부채 관련 의무에, 그리고 이후에 사업주들의 이익 공유에 활용해.

PF에 대해서는 조금 뒤에 더 알아보기로 하고, 일단 여기에서는 건축 프로젝트에 막대한 자금이 든다는 것과, 이 자금을 마련하기 위해 건축 전문가는 다양한 옵션을 가지고 있다는 것만 알아두도록 하자.

18) Special Purpose Vehicle의 약자로 SPV라고도 하고, 우리나라에서는 SPC(Special Purpose Company)라는 용어로 더 널리 불리고 있단다.

프로젝트 발주방식

프로젝트 발주방식의 개념을 이해하기 위해서는 먼저 발주라는 말을 이해해야 해. 발주방식은 영어로 delivery method란다. 미국 같은 영어권 국가에서 고객이 피자를 주문하면 피자를 만들어 집으로 가져다주는 것을 delivery라고 하잖아? 그것처럼 건설사업에서 발주 방식은 발주자가 원하는 건축물의 설계, 시공, 운영 서비스를 조직하고 조달하기 위한 방식을 의미하지.

정리하면 건축 프로젝트에서 발주방식은 건축물을 만들어내기 위해 발주자, 설계자, 시공자, 건설사업관리자(CM)를 포함하는 주요 참여자들 간에 어떻게 계약 관계를 맺고 있는지에 따라 구분된단다.

만약 어떤 사람들이 아무리 착한 사람들이라도 이 사람들이 모인 집단은 서로들 간의 사회적 관계에 의해서 비도덕적으로 움직일 수도 있잖아? 라인홀드 니부어가 1932년에 쓴 책인 "도덕적 인간과 비도덕적 사회(Moral Man and Immoral Society)"도 그래서 나왔고 말이야.

건축 프로젝트도 그럴 수 있어. 참여자들이 아무리 좋은 사람과 회사들이더라도 서로 계약을 맺는 방식에 따라 행동이 달라질 수 있고 이게 전체 건축 프로젝트의 성공과 실패에 상당히 큰 영향을 끼치지. 그래서 다양한 발주방식들의 특징을 이해하고 프로젝트의 상황에 맞는 발주방식을 선택하는 것이 프로젝트의 성공과 실패에 크게 영향을 미칠 수 있단다.

대표적인 프로젝트 발주방식에는 전통적인 방식인 설계시공분리발주(DBB), 설계시공일괄발주(DB), 사업관리형 CM, 시공책임형 CM 등이 있어. 물론 건축 프로젝트의 성공적인 수행을 위해 계속해서 변형들이 개발되고 시범 적용되고 있고, IPD(Integrated Project Delivery)와 같은 새로운 발주방식이 등장하고 있기도 하지.

설계시공분리발주(Design-Bid-Build, DBB)는 말 그대로 설계와 시공을 분리해서 순차적으로 일을 맡기는 걸 말해. 설계 단계에서는 설계와 계약을 하고 설계도서를 조달받고, 이후에 이 도서를 가지고 시공할 시공자를 선정하는거지.

DBB의 장점은 건설사업 대부분이 이 방식으로 조달되기 때문에 각 참여자들이 자기들의 역할을 명확히 알고 있다는 점이야. 심지어 분쟁이 발생하더라도 사례가 워낙 많아서 앞으로 어떻게 흘러갈지 예측이 가능할 정도야.

하지만 동시에 이 방식은 설계자와 시공자 간에 분쟁이 많은 방식이기도 해. 설계자는 설계 단계에만 참여하고 시공자는 시공 단계에만 참여하기 때문에 설계 의도가 시공에 충분히 반영되지 않을 수 있고, 또 설계단계에서 시공성[19]에 대한 피드백을 받기도 어려워. 그러면 상대적으로 발주자는 건축사업에 대한 지식이 부족하기 때문에 중간에서 곤란함을 겪는 경우도 많단다.

19) 시공지식과 경험을 체계적으로 통합해서 프로젝트 성과를 극대화하는 것

설계시공일괄발주(Design-Build, DB)는 설계자와 시공자를 하나의 컨소시엄으로 일괄로 선정해서 설계와 시공을 담당하는 조직이 미리 정해지는 방식이야.

DB 방식의 큰 장점은 발주자 입장에서 컨택 포인트가 한 군데라는 거야. 설계자와 시공자가 서로 책임을 떠넘기는 핑퐁 게임을 보지 않아도 된다는 거지. 또 시공자는 설계도면의 품질이나 시공성에 관심이 많을 수밖에 없고, 발주자와 함께 설계에 많은 피드백을 제공할 수 있어.

하지만 DB 방식의 프로젝트에서 발주자는 최종 설계안을 보기 전에 시공자와 계약하는 것이기 때문에 설계에 대한 주도권을 잃어버릴 수 있고, 설계자는 시공 단계에서 더 이상 발주자의 편에서 도움을 주지 않으려고 해. 니부어의 말마따나, 계약 관계에 따라 같은 회사들과 일을 하더라도 이렇게 입장과 태도가 달라질 수 있단다.

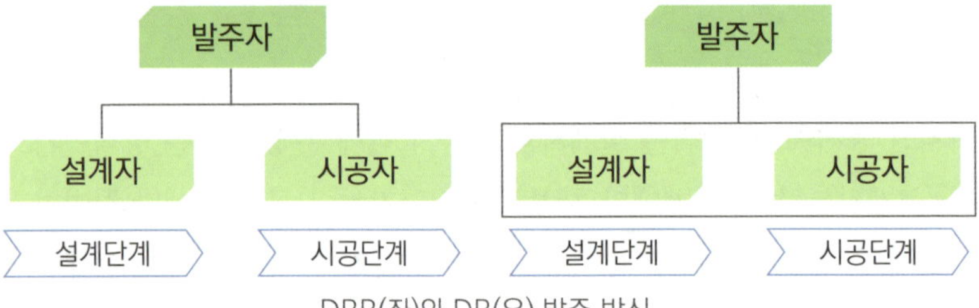

DBB(좌)와 DB(우) 발주 방식

사업관리형 CM(CM for Fee)은 이러한 분위기에서 발주자의 대리인으로서의 역할을 수행하기 위한 발주 방식으로 등장했어. 건설사업 전문가 집단인 CM은 용역비를 대가로 받고 발주자에게 전문적인 지식을 제공하여 발주자가 올바른 판단을 내릴 수 있게 돕는거야. CM 계약은 많은 경우

시공단계에서 이루어지지만, 중요한 결정이 많은 설계단계에서부터 계약을 맺고 참여할 수도 있어.

사업관리형 CM은 많은 자금을 대지만 건축 전문지식은 부족한 발주자에게 훌륭한 파트너가 될 수 있지만 다른 경영 컨설턴트들처럼 건설사업의 성패에 직접 책임을 지지는 않아.

반면, 시공책임형 CM(CM at Risk)은 시공전, 즉 설계단계에서는 CM이 통상적인 CM의 역할을 수행하다가 시공단계에서는 시공자의 역할을 수행하는 발주 방식이야. 이렇게 되면 CM은 단순히 전문지식을 제공하는 수준을 넘어서서 시공자의 지위까지 가지면서 건설사업의 성패에 대한 리스크를 발주자와 함께 지게 되는거지.

이때 시공책임형 CM은 보다 책임있는 모습을 발주자에게 어필하기 위해 GMP(Guaranteed Maximum Price)라는 최고한도비용보증액을 함께 제안하는 것이 일반적이야. GMP는 CM이 초과하지 않겠다고 보증하는 한도액 개념으로, GMP보다 최종공사비가 늘어나면 차액을 CM사가 부담하는 거지.

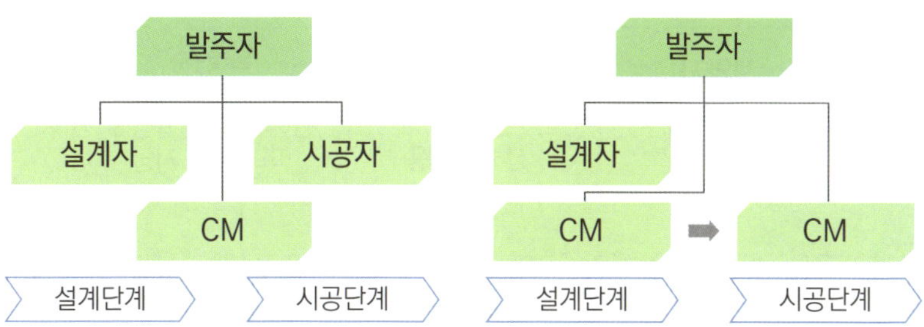

사업관리형 CM(좌)와 시공책임형 CM(우) 발주 방식

프로젝트 계약방식

앞에서 "주요 참여자들 간에 어떻게 계약 관계를 맺고 있는지"에 따라 발주방식이 달라진다고 설명했지? 그러니까 하나의 "건설사업"은 사업의 특성에 맞추어 선정된 하나의 "발주방식"을 갖고, 사업에 참여하는 주체 간에 여러 개의 "계약 관계"를 맺게 되는 거야. 계약은 법에 의해 이행이 강제되는 약속이기 때문에 자칫 일을 하고도 큰 손해를 볼 수 있어 매우 주의깊게 검토되어야 하는 관리 요소란다.

사용할 수 있는 계약방식은 도급금액[20] 결정 방식에 따라 크게 총액도급, 단가도급, 실비정산보수가산 방식으로 구분할 수 있어.

총액도급(lump-sum) 계약은 정액도급(fixed-price) 계약이라고도 하고, 건설사업 수행 시 가장 널리 쓰이는 계약 방식이야. 프로젝트의 범위, 요구되는 성능, 해야하는 일의 양이 명확할 때 적용될 수 있단다. 이렇게 계약을 맺게 되면, 계약자는 사전에 정해진 가격에 사전에 정해진 일을 수행하고, 발주자는 일 종료 시 혹은 정해진 지급 일정에 따라서 비용을 지급하게 돼.

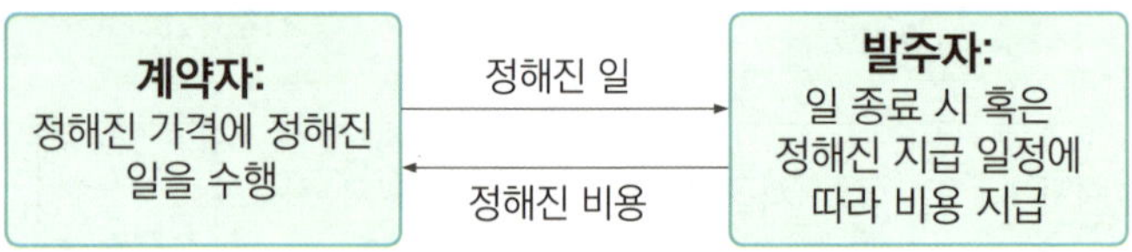

단가도급(unit-price) 계약은 프로젝트의 범위, 요구되는 성능이 명확하

20) 일의 대가로 지급하기로 하는 비용

지만 해야하는 일의 양이 명확하지 않을 때 적용할 수 있어. 이렇게 계약을 맺게 되면 계약에 참여하는 두 주체는 건축공사를 단위공사로 구분하여 단가 계약을 맺게 돼. 계약자는 사전에 합의한 단가에 따라 불명확한 물량의 일을 수행하고, 발주자는 일이 진행된 이후에 실제 물량을 계산하고 확정한 후 물량에다 단가를 곱한 비용을 계약자에게 대가로 지불한단다. 계약 양자간 서로 리스크를 나눠 지는 셈이지.

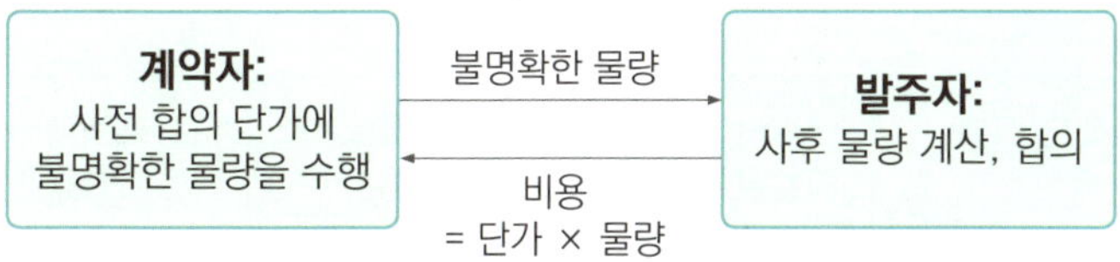

실비정산보수가산(cost-plus-fee) 계약은 드물지만 프로젝트 범위, 요구되는 성능, 물량이 불명확할 때 적용할 수 있어. 때로 프로젝트 비용이 상대적으로 덜 중요한 건설사업들이 있잖아? 올림픽을 앞두고 정해진 시점에 새 경기장이 필요하다던가, 주택을 짓는데 발주자가 비용과 관계없이 최고의 품질로 주택을 짓고 싶을 때 등 말이야. 실비정산보수가산 도급계약을 맺게 되는 계약자는 계약 시에 불명확한 물량과 단가 정보를 가지고 일을 수행해. 일을 수행하는 데 들어가는 실비를 기록하고 발주자에게 청구하면, 발주자는 실비(cost)를 정산 지급해주고 여기에 미리 정한 기준에 따른 보수(fee)을 얹어 지급한단다.

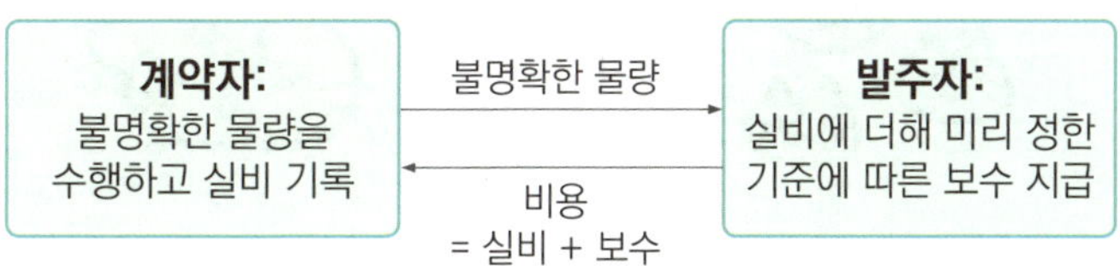

프로젝트 입찰방식

발주자가 건설사업을 진행하기로 하고 프로젝트 상황에 맞게 발주방식과 계약방식을 결정하면 그 다음으로 해야 할 중요한 일은 입찰과 낙찰을 통해 좋은 계약자를 선정하는 일로, 계약관리에서 매우 중요한 부분을 차지하지. 이때 입찰은 계약후보자들에게 원하는 금액을 적어내게 하는 것이고, 낙찰은 계약후보자들 중에 하나를 정해 계약을 맺는 것을 의미해.

프로젝트 진행 결정 → 발주방식과 계약방식 결정 → 입낙찰 방식 결정 → 계약자 선정 (협상/계약)

입찰에도 경쟁성에 따라 여러 방식이 존재해. 즉, 모든 업체들을 참여시켜 경쟁을 유발해 가격을 낮추느냐, 아니면 적은 수의 검증된 업체들만 참여시켜서 안정적으로 품질을 확보하느냐 사이에서 결정해야 하는거지.

경쟁이 없이 단일 도급자와 협상하여 계약을 맺는 방식을 수의계약 방식이라 부르고 어떤 방식으로든 계약후보자 간 경쟁이 있는 방식을 경쟁입찰 방식이라 부르고, 경쟁입찰은 경쟁을 허락하는 범위에 따라 다시 일반경쟁입찰, 제한경쟁입찰, 그리고 지명경쟁입찰로 나뉘어.

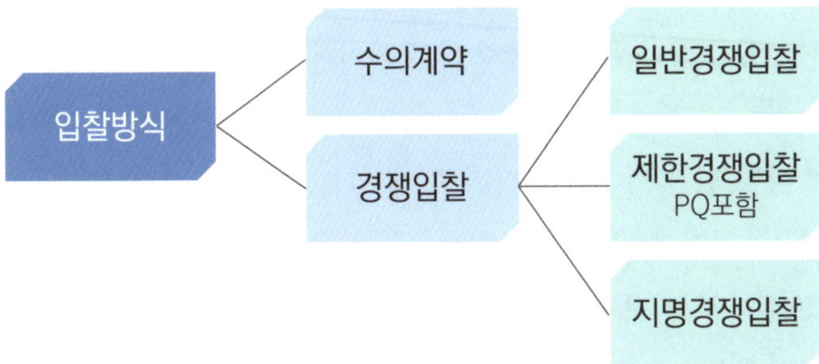

수의계약(특명입찰) 방식은 경쟁이 없이 단일 도급자와 협상하여 계약을 맺는 방식이야. 공사의 성격이 특정 도급자의 기술과 능력 등과 잘 맞다고 판단할 경우, 그리고 발주자가 해당 업체를 매우 신뢰하는 경우에 이루어지는데 민간공사에서 적용이 되는 방식이란다. 공사의 기밀 유지가 용이하고 입낙찰 과정이 간단하다는 장점이 있지만, 경쟁이 없어 가격이 올라갈 수 있는 여지가 있어.

일반경쟁입찰은 말 그대로 자격이 있는 도급자들은 누구나 입찰에 참여할 수 있게 하는 방식이야. 가장 경쟁이 치열하고 따라서 저렴한 가격에 건설 프로젝트를 진행할 수 있는 여지가 있단다. 하지만, 입찰에 참여하는 업체의 수가 많아 발주자 입장에서 검토해야 하는 서류도 많고, 시공능력이 부족한 업체가 무리하게 저가에 공사를 수주하여 문제가 발생될 우려도 있어.

제한경쟁입찰은 목적에 따라 특정한 기준을 더하여서 이 기준을 충족시키는 업체들로 하여금만 입찰에 참여하게 하는 방식이란다. 예를 들어, 지방 업체들의 보호를 위해 특정 지역에 있는 업체들만 입찰을 하게 한다던지, 중소기업의 보호를 위해 도급순위에 따른 특정 군에 속한 업체들만 입찰을 하게 한다던지, 프로젝트의 특수성 때문에 꼭 필요한 기술을 갖춘 업체들만 입찰을 하게 한다던지 하는 식이야.

이렇게 하면 입찰 서류를 내더라도 어차피 발주자가 선정하지 않을 업체를 거를 수 있어서, 입찰자도 입찰을 위해 불필요한 노력을 들이지 않아도 되고 발주자도 더 적은 입찰 참가자들의 서류를 꼼꼼히 검토할 수 있는 장점이 있어.

PQ(Pre-Qualification)라고 많이 불리는 "입찰참가자격 사전심사"도 제한경쟁입찰 방식에 적용되는 기준으로 볼 수 있어. 1993년에 도입된 제도로, 입찰서류를 내기 전에 발주자의 건설 프로젝트를 성공적으로 수행할 수 있는지 사전에 심사하고, 심사에 통과한 업체들만 입찰에 참가할 수 있게 하는거란다.

PQ를 적용하면 재무상태가 불안하거나, 기술이 부족하거나, 공사실적이 부족하거나 하는 업체를 사전에 걸러낼 수 있어서 부실공사를 방지하고 우수한 업체들을 보호할 수 있다는 장점이 있지. 하지만, 아직 실적이 많이 쌓이지 않은 신생업체들에게는 불리하게 작용될 수 있고, 심사기준의 개발과 적용 과정에서 시간이 오래 걸리는 것은 물론, 시장을 왜곡하고 편향된 결과를 낳을 수 있다는 점들은 단점으로 지적되고 있단다.

지명경쟁입찰은 발주자가 미리 도급자들의 자산, 신용, 기술 등을 조사하여, 발주자의 건설 프로젝트 수행에 적합하다고 판단되는 도급자들만 입찰에 참가하도록 초청하는 방식을 의미해. 발주자 입장에서는 입찰에 참가하는 업체들이 모두 믿을 만한 업체들이어서 건설 프로젝트를 성공적으로 수행할 확률이 높아진다는 장점이 있지. 하지만 입찰 참가자들이 상대적으로 소수이기 때문에 프로젝트 비용이 다소 높아질 수 있고 담합의 위험에도 노출된다는 단점도 존재한단다.

기본설계 기술제안방식

건설산업은 우수한 사업자를 사업에 참여시키고 선정하기 위해 지속적으로 노력을 기울이고 있는데, 기본설계 기술제안방식도 그 중 하나야.

조금 어려울 수도 있는데, 이걸 이해하기 위해서는 건축물의 설계단계가 계획설계, 기본설계, 실시설계 단계로 구분된다는 것을 이해해야 해. 기본설계 기술제안방식에서 발주자는 기본설계(안)을 바탕으로 기술제안 입찰공고를 내고, 설계사와 시공사가 원팀이 되어 실시설계(안), 공법 등을 제안하여 입찰에 참가한단다. 발주자는 입찰참가자의 기술력을 평가하여 낙찰자를 선정하여 계약을 맺게 되는 방식을 말해.

건설산업은 산업이 가진 문제점들을 개선하고 품질향상과 분쟁 최소화를 위해 여러 발주방식, 계약방식, 입낙찰방식을 개발하고 테스트하고 있어. 이것들이 복잡하게 얽혀 있지만 이유는 간단하지. 건축 프로젝트에 참여하는 여러 참여자들이 좀더 안정적이고 신뢰할 수 있는 관계를 맺고 프로젝트에 적합한 참여자들을 모으고 선별하여 프로젝트를 성공으로 이끌기 위해서야.

프로젝트 낙찰방식

앞에서 입찰은 건축 프로젝트를 수행하고 싶은 희망자에게 금액을 적어 내게 하는 것이라고 했었지? 낙찰은 입찰한 후보자 중 공사를 수행할 업체를 정하는 것을 의미해. 낙찰자가 결정되면 낙찰자는 낙찰통지서를 접수하고, 이후 이행보증금을 적립하는 등 정식 계약을 맺기 위한 절차를 밟는거지.

즉, 다양한 낙찰방식은 어떤 기준으로 계약할 후보자를 선정하느냐에 따라 구분해. 크게 보면 가격이 싼 업체를 선정해서 계약하느냐, 기술이 좋은 업체를 선정해서 계약하느냐 하는 기준에 따라 선정되는 계약자는 다를 것이고 이게 프로젝트의 성과에 영향을 미치게 되는거지.

대표적인 낙찰방식에는 최저가낙찰제 (저가심의제), 적격심사낙찰제, 종합심사낙찰제, 선기술 후가격 협상제가 있어. 앞쪽에 언급한 것일 수록 적어낸 가격을 중심으로 낮은 가격을 제안한 후보자와 계약을 맺고 프로젝트를 진행하겠다는 것이고, 뒤에 언급한 것일 수록 가격도 좋지만 기술적인 측면을 보다 강조하여 사업을 성공적으로 끝마칠 확률이 높은 후보자와 계약을 맺겠다는 거야.

최저가낙찰제는 저가심의제도로도 불리는데, 입찰 예정가격의 범위 내에서 제일 낮은 금액을 적어낸 업체를 선정하여 계약을 맺는단다. 그러니까 이 업체가 이미 입찰에 참여했을 때 충분한 계약 이행능력이 있다고 인정하는 거지.

이렇게 낙찰자를 선정하면 일반적으로 낮은 공사비로 계약을 하게 되어 프로젝트 비용 절감을 기대할 수 있어. 하지만 덤핑 수주 등으로 과도한 저가입찰이 일어나게 되면 기술력이 낮은 업체가 공사를 수행하게 되어 도리어 큰 문제가 발생할 수도 있지. 따라서, 입찰가격 적정성 평가 등 보완적인 제도와 함께 운영이 되기도 한단다.

우리나라에서 1995년 도입한 적격심사낙찰제(적격심사제도)는 최저가로 입찰한 자에게 우선권이 주어지기는 하지만, 이 업체의 계약 이행능력, 즉 적격성(eligibility)을 평가하여 심사한 이후에 낙찰자로 선정하는 것을 의미해. 가격 중심의 낙찰자 선정 방식에 한번의 안전핀을 붙여놓은 거지. 낮은 프로젝트 비용을 선호하기는 하지만 부실공사를 조금이나마 방지하자는 취지에서 도입되었다고 볼 수 있지.

2016년에 도입된 종합심사낙찰제(종심제)는 기술력과 사업이행능력이 우수하면서도 적절한 가격을 입찰한 자를 낙찰자로 선정하는 제도란다.

입찰자는 가격뿐만 아니라 공사 수행능력 면에서도 고른 점수를 받아야 높은 종합점수를 얻어 낙찰 확률을 높일 수 있어.

적격심사제와 종심제의 차이를 이해할 필요가 있어. 적격심사낙찰제는 먼저 가격에 대한 심사를 하고 최저가를 적어낸 업체 순으로 적격성을 심사하기 때문에 일종의 기본 요건만 갖춘 업체라면 최저가를 적어내는 것이 중요하다 할 수 있지. 하지만, 종합심사낙찰제는 처음부터 종합점수를 매겨 평가하기 때문에 적격심사제에 비해 좀더 기술력을 강조하는 낙찰자 선정 방식이란다.

마지막으로 선기술 후가격 협상제도는 two envelope system(TES), 즉 두 개의 봉투 시스템이야. 봉투 하나에는 기술에 대한 제안, 즉 기술제안서가 담겨 있고 다른 봉투에는 가격에 대한 제안, 즉 가격제안서가 담겨 있어. 그러니까 선기술 후가격 협상제도는 먼저 입찰자들의 기술제안서를 평가하고 기술점수가 우수한 업체들 순으로 가격을 협상하여 계약하는 방법이란다.

종합심사제와 선기술 후가격 협상제를 비교하자면, 먼저 종합심사제는 가격과 기술을 종합적으로 고려하고는 있지만 가격에 대한 제안을 같이 보기 때문에 가격이 낮은 업체의 기술 점수를 잘 주려는 경향이 발생할 수 있어. 반면에 선기술 후가격 협상제도는 이렇게 가격에 대한 선입견을 차단하기 위한 시도로 기술능력이 우수한 업체에게 우선권을 준다는 점에서 종합심사제보다도 더 기술 친화적인 낙찰자 선정방식이라 할 수 있지.

기술인평가(SOQ)와 기술제안서평가(TP)

기술인평가(SOQ)와 기술제안서평가(TP)는 설계용역, 건설엔지니어링 용역업자 선정에 있어 기술력있는 업체를 선정하기 위한 낙찰방법이야. 이 용어들은 약어로 쓰이기 때문에 알아두면 좋지.

먼저 SOQ(Statement of Qualification)는 건설기술용역 또는 「건축사법」에 따른 설계용역에 참여하고자 등록한 입찰자에 대하여 참여기술인 및 수행실적 등과 기술인평가서를 토대로 입찰참가적격자를 선정하기 위한 평가를 말해. 고난도 공사로서 PQ만으로 입찰참가자의 적격여부를 판단하기 어려운 경우 추가적으로 용역수행제안서를 평가하는 제도야.

TP(Technical Proposal)는 건설기술용역 또는 「건축사법」에 따른 설계용역에 참여하고자 등록한 입찰자에 대하여 참여기술인 및 수행실적 등과 기술제안서를 토대로 입찰참가 적격자를 선정하기 위한 평가를 말한단다. SOQ와 유사하지만, 최고난이도 공사에 적용되며 용역수행제안서의 평가비중이 높아.

두 방법 모두 제안서가 접수되면 평가위원을 구성하고 제안서 평가, 책임기술자 발표를 통해 평가결과가 각 업체에 통보된단다. 이후 가격제안서를 제출하면 제안서 평가와 가격 평가를 합산하여 최종 낙찰자를 선정하게 되는 거란다.

건설산업은 프로젝트 계약 기간 동안 공정성과 투명성을 강화하고 기술경쟁을 유도하기 위해 제도 개선을 지속적으로 추진하고 있단다.

프로젝트 파이낸싱과 PPP 사업

프로젝트 파이낸싱(Project Financing)은 줄여서 PF라고 해. 좋은 건설 사업 아이디어가 있으면 이 사업을 수행하기 위한 특수목적법인(SPC 또는 SPV), 즉 회사를 하나 만들어서 아이디어를 실현시키는 거지.

건설사업을 수행하기 위해서는 큰 자금이 필요하잖아? 이 자금은 크게 두 부분으로 구성돼. 하나는 사업주의 자금으로 구성된 자본금이고, 다른 하나는 은행 같은 투자자들(대주)의 자금으로 구성된 부채야. 자금이 충분히 마련되면 이 회사는 목표하는 건설사업을 수행하고 사업이 종료되면 목적을 다하고 해체되는 거지.

건설사업을 통해 창출한 현금흐름은 그림과 같은 순서로 사용이 된단다.

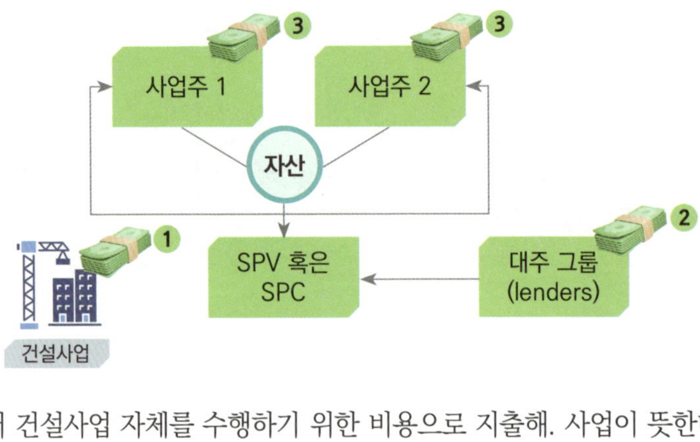

먼저 건설사업 자체를 수행하기 위한 비용으로 지출해. 사업이 뜻한대로 잘 되어서 비용을 제하고도 돈이 남으면 그 다음으로 돈을 빌려준 투자자들에게 약속한 이자와 함께 원금을 갚아. 그러고도 돈이 남으면 이제 자

본금을 댄 사업주들이 출자한 비율대로 나눠 갖는거야.

프로젝트 파이낸싱은 제안되는 건설 사업의 리스크를 평가하고, 계약을 체결하고, 사업 진도를 모니터링하는 과정에서 다른 자금조달 방식보다 비용이 더 소요된다는 단점이 있어.

하지만 건설사업에서 PF는 널리 활용되는 방법인데, 그 이유는 일반적인 대출과는 다르게 PF는 사업주의 재무상태보다 제안되는 건설사업의 미래 현금흐름에 의존하기 때문이야. 따라서, 사업주의 부채자본비율[21)]이 좋지 않더라도 사업 개발을 위해 PF를 일으킬 수 있는거지.

또, 제안하는 건설사업이 실패하더라도 대주들은 사업주들의 자산과 현금흐름에 손을 댈 수 없고, 손실은 사업주들이 SPC에 투자한 금액만큼으로 제한돼. SPC는 사업주 기업들과는 다른 별도의 법인이기 때문이지. 그래서 PF가 건설사업의 실패로부터 사업주들의 주주들을 보호할 수 있는거야.

초기 PF는 대형 사업의 필요성, 낮은 기술적 리스크, 잘 확립된 판매 시장 등의 이점을 바탕으로 석유 시추와 전력 생산의 일을 하는 회사들이 널리 활용했었어. 이후, 공공 부문에서 민간의 자금을 활용한 기반시설 확충 수단으로 공공과 민간이 함께 사업을 일으키는 PF를 활용하였는데, 이를 PPP(Public-Private Partnership)라고 부른단다.

21) 기업의 총부채를 총자본으로 나눈 값으로 기업 재무건전성을 나타냄

건설분쟁의 원인과 예방

자, 이제 자금도 조달이 되었고 하고자 하는 건설사업에 맞는 발주제도도 선택되었고, 입낙찰 과정을 거쳐서 프로젝트에 참여할 계약자들도 선정되었다고 치자. 그럼 이제 별 문제 없이 프로젝트가 잘 흘러가면 좋겠지만, 불행하게도 프로젝트 진행과정에서는 많은 문제가 발생하게 마련이야.

벤트 플루비야의 2023년 저서인 "프로젝트 설계자(How Big Things Get Done)"에서 조사한 메가 프로젝트에서 비용과 일정 계획을 예정대로 달성한 프로젝트는 전체의 8.5% 뿐이라니 프로젝트가 얼마나 뜻대로 되지 않는지 잘 알겠지? 프로젝트 유형별로 살펴보면 건축물을 짓는 프로젝트는 평균 초과비용을 유형별로 살펴보면 건축 62%, 도로 16%, 교량 26%, 터널은 37% 정도라고 해.

프로젝트가 뜻대로 되지 않을 때 쉽게 따라오는 것이 분쟁이야. 건설사업은 참여자가 많기 때문에 서로 상대방의 잘못으로 문제가 발생했다고 주장하는 것이지. 그런데 일단 분쟁이 발생하면 해결까지 수많은 시간과 노력이 요구될 뿐 아니라 진정한 승자는 없고 모두 패자로 전락하기 때문에, 건설 프로젝트 기간에 분쟁을 예방하기 위해 다양한 노력을 기울여야 해.

그전에 한 가지 용어만 소개할게. 건설분쟁을 이해하기 위해서는 클레임(claim)과 분쟁 개념을 구분해야 해. 우선 클레임은 시공자 또는 발주자가 약속한 업무를 수행하지 않을 때 상대방에게 제기하는 공식적인 보상청구라고 정의할 수 있어. 클레임 발생 시 가장 좋은 것은 서로 약속한 업무를 진행하면 되는거야. 하지만 당사자간 문제에 대한 합의점을 찾지 못하면 이때 제삼자가 개입해 문제를 해결해 줄 수밖에 없는데, 이걸 분쟁이라고 해. 따라서 분쟁의 이전 단계가 클레임이고 이후 단계를 분쟁이라고 생각할 수 있지.

건설산업은 왜 분쟁이 많을까? 먼저, 건설사업 기간은 타 산업의 프로젝트 기간보다 월등하게 길고 변수도 많아. 예를 들어, 2022년 상반기까지만 하더라도 우리나라 건설경기는 인력이 부족할 정도로 지속적인 성장세를 보여왔어. 하지만 갑자기 레고랜드 사태[22)]가 발생되면서 금융권과 정부 간의 신뢰가 무너지고, 이에 대한 여파로 민간 건설산업에 대한 자금대출 규제로 이어지게 되었지. 동시에 금리인상, 그리고 부동산 수요 감소세가 이어지면서 다양한 분쟁이 발생한 거야.

또, 건설사업에서 많은 계약서는 원가부담 등의 이유로 명확하고 구체적으로 계약서를 작성하지 않아. 이를 통해 서로간의 계약문구 해석의 이견으로 인해 분쟁이 발생하기도 해. 설계변경 시 명확한 합의가 이뤄지지 않아 문제가 발생하는 경우도 많고, 시공 과정은 원래 상호연결되어 있고 문제가 발생한 경우 누구의 잘못 때문인지 명확하지 않은 경우가 많아.

결국 건설분쟁을 사전 예방하기 위한 기본적인 원칙은 다음과 같아. 첫째, 분쟁은 절대로 어느날 갑자기 발생되지 않음을 명심해. 둘째, 분쟁 발생 전에 다양한 신호들이 있어. 이 신호들을 감지해야 해. 셋째, 이 신호들을 무시하고 그냥 지나치지 않는 태도를 가져야 해.

---

22) 22년 9월 레고랜드 개발을 맡은 강원중도개발공사가 기업회생을 신청하면서 한국의 채권 신용도가 다 같이 폭락한 사건

건설분쟁 해결을 위한 제도

아무리 건설분쟁 예방을 위해 노력한다고 해도 문제는 발생할 수 있고 클레임이 분쟁으로 번지기도 한단다. 그러면 제삼자의 개입을 통해 시시비비를 가려야 하는데, 이를 위한 제도는 크게 소송, 중재, 조정 제도로 구분해볼 수 있어.

건설도급계약서 및 용역계약서에는 "분쟁의 해결" 관련 조항이 있는데, 계약서를 작성할 때 계약당사자간 합의를 통해 분쟁 발생 시 어떤 제도를 통해 해결할지에 대해서 결정할 수 있단다.

먼저 소송 제도를 알아보자. 소송을 통해 분쟁을 해결하려면 일반적인 건설기업에서는 의사결정권자에게 의사결정을 받고 법원에 소장 접수를 하게 돼. 이때 소송 대리인(변호사)을 선임하고 법무법인을 통해 사건을 위임하지.

소장을 접수하려면 입증자료를 준비해야 하기 때문에 보통 여기에만 최소 2개월 정도 시간이 소요돼. 그리고 소장을 접수받은 피고측이 다시 소송 대리인을 선임하고 답변서를 준비, 제출하고 주고 받는데 이 과정도 다시 5개월 정도가 걸려.

이후 쟁점이 정리되고 사건분류가 되면, 평균 6개월에서 8개월 사이에 조정 및 화해가 진행돼. 하지만, 건설분쟁은 분쟁 금액이 워낙 크기에 당사자간 합의를 통해서 해결되는 경우는 찾아보기 어렵지.

이렇게 합의가 안되면 약 1년 후 1심이 진행이 되고, 건설분쟁은 치열하게 다투기 때문에 1심에서 해결되지 않고 대부분 2심, 3심까지 진행이 되니까 건설분쟁 평균 해결기간으로 약 3년 정도를 바라보게 되는 것이지.

또, 건설사업은 규모가 크고 따라서 건설분쟁 금액도 커서 변호사 선임 시 많은 비용이 지출된단다. 만약 어느 한 쪽이 승소했다고 하더라도, 정산을 진행해 보면 변호사 선임비 및 승소에 따른 변호사 성공보수로 많은 금액을 지불해야 해. 패소를 하게 된다면 소송에 들어가는 모든 부대비용을 패소하는 입장에서 지불해야 하니까 더 큰 피해를 보게 되어 있고.

이렇게 통상적인 소송 방법으로는 사업 기간과 비용 측면에서 큰 손해를 각오해야 하기 때문에, 건설산업은 건설분쟁에 대해 중재와 조정 제도라는 것을 갖추고 있어. 자금을 조달하기 위한 PF처럼 건설산업의 특징이 잘 반영된 제도라 할 수 있지.

먼저 중재는 대한상사중재원을 통해 해결할 수 있는 방법이야. 중재와 소송 모두 법적인 구속력을 가지고 있지만 둘 사이에는 큰 차이가 있어. 먼저, 소송은 한쪽에서 일방적으로 제기할 수 있지만 중재의 경우에는 신청인과 피신청인이 모두 중재를 통해 분쟁을 해결하기로 합의를 해야 해. 그리고 일단 중재가 시작되면 판사가 아닌 대한상사중재원이 가진 전문가 인력풀[23]을 통해 적합하게 구성되는 중재인이 판정을 해. 또 우리나라는 소송의 경우 3심제를 채택하고 있지만, 중재의 경우에는 단심제라는

23) 법조계, 산업계, 학계, 공공단체, 회계사와 변리사 등으로 구성

것도 중요한 차이야. 그만큼 판정까지의 전체 기간이 짧아지게 되는거지. 마지막으로 소송은 공개 재판이 원칙이지만 중재는 비공개로 진행되기 때문에 민감한 기업의 영업비밀과 개인의 프라이버시가 보호된다는 장점이 있어.

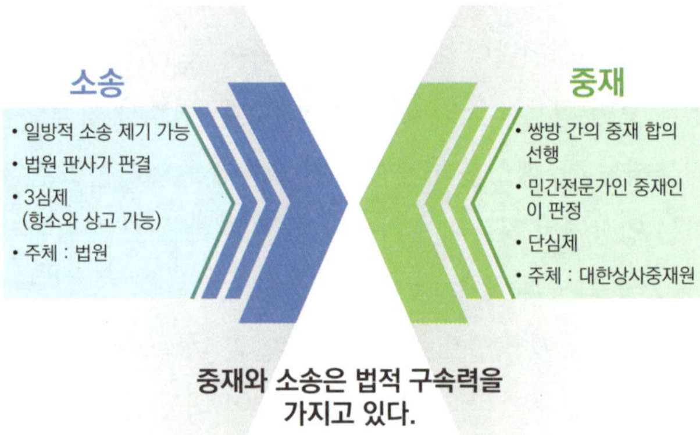

이러한 중재 제도의 특징 때문에 중재는 평균 6개월 정도에 판정을 받아 볼 수 있어. 중재 결과에 대해서는 법원의 확정판결과 동일한 강제집행이 보장된단다. 즉, 최종 중재결과에 대해서는 당사자가 회피할 수 없고, 반드시 중재결과에 따라야 해. 만약 중재결과에 불복한다면 법원으로 본 사건을 가져갈 수는 있지만, 현재까지 중재결과가 법원에서 번복된 판례는 없기 때문에 판정에 따르겠다는 마음가짐을 가지고 중재에 임하는 것이 좋아.

건설분쟁 해결의 또다른 방법인 조정 제도는 국토교통부 소속 건설분쟁 조정위원회를 통한 방법이란다. 신청인이 조정신청서를 제출하면 피신청인에게 접수 통지를 하게 돼. 이때 피신청인이 거부하면 조정은 종결이 되고, 동의를 하면 조정 절차가 시작되는 거야.

조정의 경우에는 조정인을 중심으로 신청인과 피신청이 직접 만나서 오해를 풀고 합의점을 찾기 위한 노력을 진행하게 된단다. 만약 합의점을 찾게 되면 조정인이 합의서를 작성하고 당사자는 이행하면 되는 거고, 합의점을 찾지 못하면 조정인이 통상 2개월 안에 조정안을 작성하여 당사자들에게 통보를 하지.

조정은 이렇게 중재 보다도 더 빠르게 결론에 도달할 수 있지만 중재와는 달리 법적 구속력이 없다는 점을 알아야 해. 만약 어느 한쪽이 거부 의사를 밝히면 조정은 그대로 종결이 된단다.

정리: 건축 프로젝트가 어떻게 시작되고 운영되더라?

건축 프로젝트는 발주자 입장에서 막대한 비용이 들어가는 중대한 결정이고 그래서 꼭 성공적으로 마무리되어야 해. 그러기 위해서는 많은 전문가들이 머리를 맞대고 끊임없이 더 좋은 결정을 내려야 하지.

건축 프로젝트가 실제로 시작되고 운영되기 위해서는 돈과 인력이 준비되어야 한단다. 아무리 좋은 프로젝트 아이디어라도 충분한 자금이 없으면 시작할 수 없잖아? 건설산업에서는 다른 산업과 다르게 아이디어를 중심으로 자금을 마련하는 방법이 있는데 그게 프로젝트 파이낸싱(PF)이야. PF는 사업을 수행하기 위한 특수목적법인을 만들어서 아이디어에 대한 투자를 받아 사업을 진행하는데, 사업주의 재무상태보다 제안되는 프로젝트의 미래 현금흐름에 의존하고 사업의 실패로부터 사업주의 주주들을 보호할 수 있다는 장점이 있단다.

자금이 마련되면 프로젝트에 함께 할 회사들을 구성하고 계약을 맺어야 하는데, 어떤 참여자들이 어떤 방식으로 계약을 맺고 프로젝트의 어느 시점에 참여하느냐가 조달방식을 결정해. 건설산업은 DB, DBB, CM for Fee, CM at Risk 등 여러 조달방식을 가지고 있고 조달방식 자체가 프로젝트 참여자들의 행동에 크게 영향을 미치기 때문에 신중하게 선택해야 해.

그리고 조달방식의 결정도 중요하지만 당연히 어떤 업체를 선정하느냐도 중요하겠지? 건설산업은 여러 입낙찰 방식과 제도들을 가지고 있고, 이에 대한 이해를 바탕으로 프로젝트의 성공을 위해 가장 적절한 업체를 선정하는 능력은 건축 전문가가 꼭 갖추어야 할 역량이라 할 수 있지.

그리고 모든 건축 프로젝트가 아무런 문제없이 잘 진행된다면 좋겠지만, 긴 기간 동안 여러 업체들이 참여하는 건설산업의 특성상 클레임과 분쟁이 발생하게 마련이야. 가장 좋기로는 분쟁이 발생하기 전에 문제를 감지하고 예방해야겠지만, 분쟁이 발생할 경우 올바르게 대처하는 것도 프로젝트 성공에 매우 중요하단다. 건설산업의 분쟁해결 방법에는 소송 뿐만 아니라 중재와 조정이 있어. 통상적인 소송은 기간과 비용이 커서 일단 진행되면 승자와 패자 모두 큰 피해를 입기 때문에 건설산업에서 제공하는 방법인 중재와 소송에 대해서 충분히 이해하고 잘 활용하는 것이 좋아.

해외사례: 프로젝트를 성공으로 이끌기 위한 통합발주방식

프로젝트 추진을 하려면 주요 참여자들의 관계를 정의하는 알맞은 발주 방식의 선택이 중요하다는 건 이미 알지? 건설사업을 위한 전통적인 발주방식으로 DBB, DB, CM for Fee 등이 있지만, 어떤 방식을 적용하든지 간에 여전히 건설사업은 실패에 많이 노출되어 있는 것도 사실이야. 이러한 문제점의 인식 하에서 건설산업은 새로운 발주방식을 모색해 오고 있는데, 그 대표 주자가 바로 IPD(Integrated Project Delivery)라 할 수 있단다.

미국건축사협회(AIA)는 IPD를 "사람, 시스템, 산업구조와 실무를 하나의 프로세스에 통합하는 발주방식으로서, 모든 참여자들의 재능과 시각을 활용해서 설계-제조-시공에 이르는 모든 단계에 걸쳐 결과를 최적화하고, 발주자 가치를 증대시키고, 낭비를 줄이고, 효율을 극대화하는 방식"으로 정의하고 있어.

IPD의 핵심 개념은 다자간 계약과 주요 참여자의 조기 참여라 할 수 있어. 다자간 계약을 통해 프로젝트 참여자들이 계획과 설계 단계 초기에 결정되고 리스크 분배, 인센티브, 역할과 책임이 계약서상 명시되지. 이들이 건설사업 초기에 참여할 수 있게 되면서 시공자와 협력업체들의 경험과 시공단계에서 겪을 수 있는 어려움이 조기에 논의되고 해결되는 거야. 이러한 방식은 자연스럽게 사업기간 단축의 기회를 만들어낸단다.

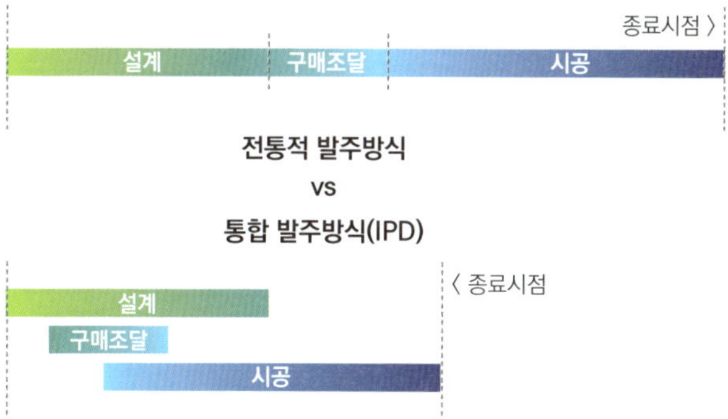

때로 다자간 계약은 체결하지 않고 전통적인 계약 형태를 유지하지만 IPD의 철학과 개념을 가져 오는 것을 IPD와 유사하다 해서 IPD-ish, 혹은 near-IPD 라고 부르기도 해.

여러 관찰과 조사에서 IPD를 도입한 프로젝트는 그렇지 않은 프로젝트들에 비해 종합적 성과가 높게 나타나고 있어. IPD를 통해 발주가 진행된 사업은 건물의 품질이 높고, 변경사항이 적고 진행이 빨라 준공까지 걸리는 시간이 단축된다는 거지. 미국 ENR지(Engineering News-Record)의 2015년 기사에 따르면 80% 이상의 응답자들이 IPD를 적용한 프로젝트들의 성과가 그렇지 않은 프로젝트들에 비해 좋다고 응답했대.

하지만, 이러한 효과에도 불구하고 IPD는 선진국의 사례를 보더라도 매우 제한적으로 적용되고 있는 것이 현실이야. ENR지도 동일한 기사에서 이 문제를 지적하고 있는데, 그 원인으로는 참고할 만한 사례 부족, IPD는 어렵고 리스크가 많아 실패할 수 있다는 불안감 등을 꼽고 있어.

제 4 장

건축 프로젝트 전문가는 어떤 일을 하는가?

건축 프로젝트가 진행될 때 현장에서 다양한 업무들을 수행하게 된단다. 건축주와 약속한 시간에 프로젝트를 완성해야 하고, 공사비도 줄여야 하고, 우수한 품질을 갖춘 건축물도 완성해야 하고, 무엇보다 안전사고가 발생되지 않아야 할 거야. 전문가들은 실제 업무들을 어떻게 수행하고 있는지 함께 알아보자.

4

SECTION

건축 프로젝트 전문가의 역할

건설사업에 동일한 인력과 장비, 자재 등을 투입한다고 해도 어떤 때는 비용이 많이 들고 공기가 길어지고 품질이 저하되어 실패한 프로젝트가 되기도 하고, 어떤 때는 비용, 공기, 품질 등에서 우수한 성공적인 프로젝트가 되기도 하는 것이 현실이야.

그 차이는 자원을 어떤 순서로 어떻게 투입하느냐에 대한 의사결정과 관리 역량이 만들어낸다고 할 수 있지. 그러니까 프로젝트에 투입되는 전문가들의 역량에 따라 성공과 실패는 나누어질 거야. 좋은 프로젝트 관리자가 갖추어야 하는 역량에는 어떤 것들이 있는지 한번 생각해 보자.

미국 프로젝트관리협회[24]에서 발간한 PMBOK[25] 가이드에 따르면 효과적으로 프로젝트를 관리하려는 전문가들에게는 다음 다섯 가지 역량이 필요하다고 해.

24) Project Management Institute, PMI
25) Project Management Body of Knowledge

첫째는 프로젝트 관리 지식을 빼놓을 수 없어. 건축 전문가는 프로젝트 관리를 위한 도구(tool)과 기법(technique)에 능숙해야 한단다. 프로젝트 관리 지식에는 통합관리, 범위관리, 공정관리, 원가관리, 품질관리, 안전관리 등이 있어서 이와 관련된 다양한 관리 기술들에 대한 지식이 필요해.

둘째, 건설산업의 구조와 참여조직, 그리고 생리 등에 대한 이해가 필요해. 특히 설계 도면과 시공 기술 등 기술에 대한 이해와 건설 관련 다양한 법에 대한 지식도 필요하단다.

셋째로 프로젝트가 위치한 환경적인 요소들도 파악해야 해. 토질이나 지하수, 도로교통 상황, 기후, 문화 등 사회적 환경에 대한 폭넓은 이해가 필요하지. 프로젝트 환경적 요소는 특히 해외 사업을 관리해야 할 때 더욱더 많은 주의가 필요하단다. 건축 관련 법들이 다를 수도 있고, 정치적 분위기라던지, 휴일, 시차 등에 따른 어려움도 생각해야 해. 종교, 경제, 교육 상황이나 인종, 관습, 윤리에 대한 이해의 차이 등 건설사업의 관리에 영향을 미치는 요소들이 정말 많단다.

그리고 건설 프로젝트 전문가는 경영 일반에 대한 지식을 습득하고 새롭게 등장하는 경영 이론과 기술에 대해 늘 관심을 가지고 있어야 해. 여기에는 재무와 회계, 마케팅, 계약 관련 법규, 제조와 물류, 공급사슬, 조직행동, 정보 기술, 의사결정 기술, 생산성 등이 다양한 지식들이 포괄적으로 포함된단다.

마지막은 의사소통 능력이야. 결국 프로젝트 관리는 사람들이 모여서 함께 하는 일이기 때문에 프로젝트가 성공하기 위해서는 다른 사람들과의 효율적인 의사소통 능력이 중요해. 그렇게 해서 긍정적인 방향으로 영향력을 발휘하고 동기부여를 이끌어 내야 하는 거지. 협상 기술, 충돌 관리와 변화 관리 역량, 리더십 등을 두루 갖춘 사람이 이런 면에서 좋은 자질을 갖추었다고 할 수 있을 거야.

상당히 많지? 건축 프로젝트를 관리하려는 전문가는 이와 같은 기본 역량을 갖추고 있어야 하고, 그래서 늘 새로운 것을 공부하고 습득하려는 노력이 필요해. 하지만 한편으로는 누구도 완벽한 사람이 없다는 사실도 기억해야 해. 가지고 있는 역량을 최대한 발휘해서 건설사업 성공을 위해 최선을 다하면서, 동시에 더 좋은 전문가가 되기 위해 끊임없이 노력하는 모습이 필요하단다.

건축 프로젝트 전문가가 관리해야 하는 대표적인 영역에는 주어진 공기 안에 건설사업을 끝마치기 위한 공정관리, 발주자의 정해진 예산 안에서 사업을 수행하기 위한 원가관리, 좋은 품질의 건축물을 만들어내기 위한 품질관리, 그리고 사고를 방지해서 작업자들의 생명과 건강을 지키기 위한 안전관리가 있어. 이 네 가지 요소, 공정, 원가, 품질, 안전을 건설 프로젝트 관리의 4요소라고 한단다.

이제부터는 이 네 가지 요소들에 대해 좀 더 자세히 살펴보고 건축 전문가가 어떻게 업무를 수행하는지 알아보자.

PMBOK의 건설 프로젝트 관리 영역

PMBOK 가이드는 프로젝트를 관리할 때의 관리 영역과 관리를 위해 익혀야 할 기술을 설명하고 있는 책이야. PMP(Project Management Professional)이라는 자격증을 위해 공부해야 하는 책으로 유명하단다.

PMBOK 가이드에서 설명하는 프로젝트 관리 영역은 다음과 같아.

(1) 통합관리: 여러 관리 분야를 통합하여 프로젝트 목표를 달성하기 위한 관리
(2) 범위관리: 성공적인 프로젝트 수행을 위해 해야 할 일을, 그리고 해야 할 일만, 정의하고 관리
(3) 공정관리: 프로젝트를 목표한 기간 안에 완료하기 위한 관리
(4) 원가관리: 프로젝트가 정해진 예산 안에 끝날 수 있도록 관리
(5) 품질관리: 프로젝트 품질 요구사항을 만족시킬 수 있도록 관리
(6) 인적자원관리: 프로젝트를 진행하기 위해 팀을 구성하고 관리
(7) 의사소통관리: 프로젝트가 생산하는 정보를 적시에 취합, 저장, 제공하기 위한 관리
(8) 위험관리: 프로젝트 진행 상의 위험요소를 인지, 분석하여 대응하는 관리
(9) 조달관리: 프로젝트 진행에 필요한 자재, 장비, 서비스를 구매 관리
(10) 이해관계자관리: 프로젝트 내외부의 이해관계자를 식별하고 관리

그런데 PMBOK 가이드는 건설 뿐만 아니라 조선, 소프트웨어 개발, 자동차 개발과 같이 1회성으로 이루어지는 모든 프로젝트 관리에 공통적으로 필요한 기술을 모아놓은 것이란다.

그래서 여기에 더해 PMBOK 건설 확장판(Construction Extension)을 제공해서 건설 프로젝트 관리에 추가적으로 필요한 기술을 설명하고 있어. 여기에 들어가는 것들이 안전보건과 환경관리, 재무관리, 클레임관리 같은 것들이란다. 건설사업 관리 전문가들은 본판, 그러니까 PMBOK 가이드에다가 건설 확장판까지 익히면 되는 거지.

공정관리를 위한 역할과 기술들

우리들은 여행을 준비할 때 가장 먼저 여행계획을 수립해. 언제 출발하고 언제 돌아올지, 무엇을 타고 갈지, 무엇을 먹을지, 관광지는 어디를 방문할지, 여행경비는 얼마가 소요될지 등 다양한 고민을 통해 "여행 일정"을 확정하고 드디어 출발을 하는 거지. 그런데 예상하지 못했던 문제들은 언제든지 일어날 수 있어. 갑자기 날씨가 안 좋아질 수 있고 사고가 발생되는 등 다양한 변수가 발생되면 우리가 처음 세웠던 여행계획은 변경될 수밖에 없단다.

건설공사도 마찬가지야. 건설공사도 처음에 계획한 일정대로 시작해서 그대로 끝마치기가 상당히 어려운 이유는 바로 다양한 변수(날씨, 안전사고, 자금 사정, 파업, 법규 변화 등)에 의해서란다. 그러면 처음에 세웠던 계획은 다시 수정하고 새로운 계획을 세워 공사를 진행해야 하고 또 변경이 되면 다시 새로운 계획을 수립해야 하는데, 이 과정을 수없이 반복해야 하지. 즉 공사 진행 중에 발생하는 새로운 정보들을 이용해 지속적으로 초기 계획을 재평가하고 공정표를 수정, 관리해야 하지. 그렇기 때문에 건설공사에서 공정관리가 아주 중요하다는 말을 하는 거야.

공정관리는 프로젝트와 관련된 다양한 정보를 분석하여 시공 방법을 결정하고 세부 일정계획을 수립한 후 이에 따른 장비, 자재, 인력 등 자원을 언제 얼마나 투입할지 계획을 수립하는 거란다. 그리고 공사 진행 중 발생하는 공기 지연이나 계획 변경에 따른 공기 영향을 사전 분석하고 만회대책을 강구함으로써 결과적으로 생산성 및 품질 향상, 그리고 공기지연

요소를 감소시키는 총체적인 과정을 말하는 거야.

건설공사가 진행될 때 투입되는 대표적인 자원은 인력(man), 공법(method), 재료(material), 장비(machine), 그리고 비용(money)인데, 이 5가지를 영어 앞 글자를 따서 "5M"이라고 한단다. 공정관리는 이러한 투입 자원을 결정하고 효과적으로 배치하는 작업이야. 이를 통해 최적의 공사비로 안전하게 프로젝트를 끝낼 수 있고, 건축주와 약속한 시간에 품질 좋은 건축물을 제공할 수 있는 거란다.

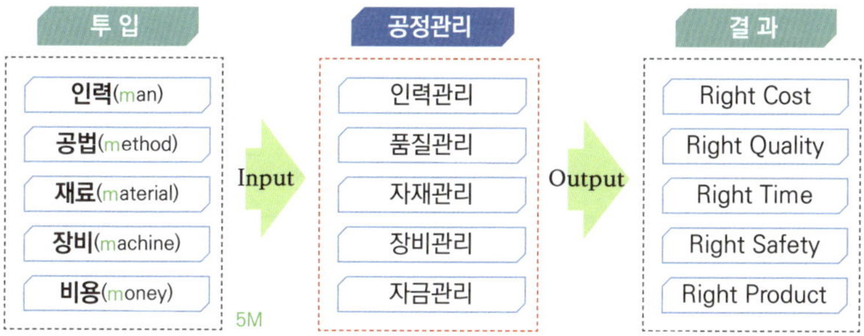

여러 가지 공정관리 기법들은 각기 다른 표현 및 운영 방법들을 가지고 있어. 최근에는 전산화 처리 방법의 발전에 따라 여러 형태의 처리방식과 서식 도표 등이 다양하게 발전하여 건설관리 기법에 많은 변화를 주고 있어. 건설사업을 효율적으로 수행하기 위한 자료를 만들어 내면서 발전을 거듭하고 있지. 그 중 몇 가지 기법들에 대해서 알아보자.

첫째, 간차트(Gantt chart)는 헨리 간트에 의해 개발되었는데 바차트라고 부르는 방법이야. 공정표 작성 시 가장 기본은 사용자가 이해하기 쉽게 작성하는 거란다. 그 기준에 의하면 가장 적합한 기법은 간차트라고 말할 수 있어. 공사 수행을 위해 해야 하는 작업들을 막대 형태로 표현하니까 작성하기도 쉽고 이해하기도 쉽지. 그런데 조금만 규모가 큰 건설공사에서는 간차트로 공정표를 작성하지 않는데, 그 이유는 수많은 작업들 간의 선·후행 관계를 명확하게 표현하지 못하기 때문이란다.

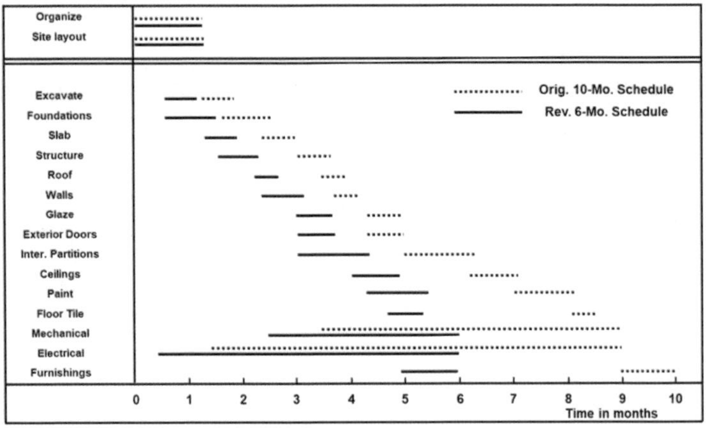

둘째, CPM(Critical Path Method)은 듀퐁사와 란드사에 의해 1950년대 개발된 방법이야. 종래의 간차트는 작업 선·후행 관계가 분명치 않고 사전 예측 기능이 없는데 반해, CPM은 네트워크 기법을 이용하여 계획 수립 및 관리에 매우 유용하단다. 먼저 CPM 공정표는 액티비티 일정이 변경되었을 경우 전체 스케줄을 쉽게 업데이트할 수 있다는 장점이 있어. 그리고 크리티컬 패스(critical path)[26]라던지 여유시간(float)[27] 같은 지표를 계산하고 이를 일정관리에 활용할 수 있어. 그래서 공사지연이나 변

26) 전체 사업 완료 시간에 영향을 미치는 가장 긴 작업 경로로, 이 경로 상의 작업들이 지연되지 않도록 관리하는 것이 중요

27) 전체 사업 완료 시간에 영향을 미치지 않고 지연할 수 있는 한도

경에 따른 문제점을 즉시 발견할 수 있고, 이에 대한 대책 수립이 용이해. CPM 방법은 공정관리 소프트웨어 개발을 가능하게 하여 공사관리의 현대화에 이바지 했단다.

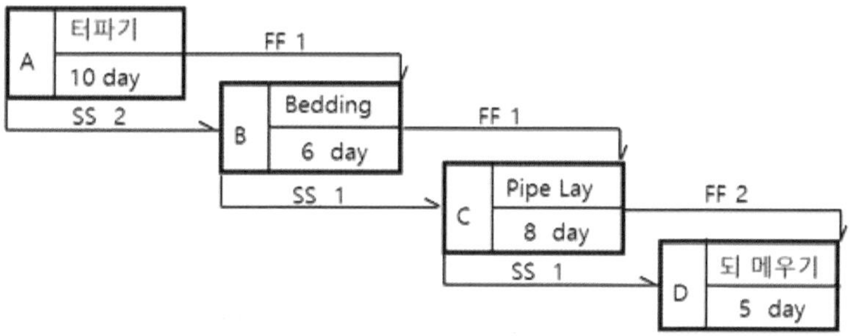

셋째, 1990년대에 일본에서 개발된 택트(TACT)는 오케스트라의 박자같이 건설 작업의 흐름을 리듬감 있게 연속시켜 생산을 효율적으로 하기 위해 개발된 기법이야. 찰리채플린의 대표적인 작품 중에 하나인 "모던타임즈"(1936)라는 영화가 있어. 이 영화는 미국의 대공황을 배경으로 산업화 시대 노동자들의 모습을 잘 표현한 작품으로 주인공은 공장 작업자로 일을 해.

공장 노동자들은 자리를 이동하지 않고 컨베이어 벨트 앞에서 작업을 하고 있어. 그리고 앞선 작업자가 작업을 마치면 후속 작업자는 대기 없이 바로 작업을 이어가면서 생산성을 높이고 있지. TACT는 건설공사에서도 작업자들의 이동시간을 줄이고 대기시간을 줄일 수 있다면 혁신적으로 작업시간을 줄일 수 있을 것이라는 생각에서 개발된 기법이란다.

하지만 건설공사에서 TACT를 적용하기가 마냥 쉽지는 않단다. 건설 현장은 노동력에 대한 의존도가 높기 때문에 작업자 간 생산성이 서로 다르고 대표적인 변수인 날씨에 의한 영향을 크게 받기 때문이야.

하지만 이처럼 다양한 개념이 개발되고 건설산업에 적용되면서 건설산업 발전에 영향을 주고 있단다.

공공 건설공사 공기적정성 산정 기준

과거 우리나라 건설산업에서는 건설공사에 대한 공기 산정 기준이 없었어. 설계사에서 설계용역 시 설계도서, 시방서, 내역서, 예정 공정표를 작성하여 발주자에게 제출하였고, 이를 기반으로 공사발주 후 시공사와 도급계약을 맺는 프로세스였단다.

문제는 착공 후 발생하게 되었어. 공기 산정에 대한 기준이 없으니 설계사에서는 유사 데이터 기반으로 현장 여건을 고려하지 않고 공기를 산정했어. 현장 여건과 공기가 맞지 않으니 현장에서는 무리하게 일정을 맞추려고 작업을 진행하면서 안전사고 및 설계변경이 빈번히 발생했지.

이러한 문제점을 해결하기 위해서 2019년 이후 100억 원 이상 (군 단위에서는 50억 원 이상) 관급공사에서는 정부에서 제시하는 공사기간 산정기준에 의해 공기를 산정하고 기술심의를 거쳐 공사를 발주하게 되었단다.

공가기간 산출은 다음과 같아.

(1) 준비기간: 공동주택 45일, 고속도로공사 180일, 철도공사 90일 등

(2) 비작업일수: 휴무일과 날씨에 의해 작업을 할 수 없는 기간

(3) 작업일수: 공종별 표준작업량을 활용하거나 발주청에서 보유하고 있는 과거의 경험치를 활용하여 적용

(4) 정리기간: 일반적으로 주요공종이 마무리된 이후 준공 전 1개월의 범위에서 계상

공사기간 산출

= 준비기간 + 비작업일수 + 작업일수 + 정리기간

건설 현장의 안전사고 예방 및 품질 확보를 위해서는 적절한 공기 산정이 매우 중요하단다.

원가관리를 위한 역할과 기술들

건설 프로젝트에서의 원가관리는 내가 가지고 있는 사업비 내에서 사업을 완료하기 위한 체계적인 절차를 수립하고 적용하는 과정이란다. 즉, 원가관리란 “돈”을 관리하는 거야.

건설 프로젝트는 고정자산의 형성과 직결되는 복잡하고 장기간에 걸친 산업 활동이라서 초기부터 체계적인 계획과 효율적인 실행이 이루어지지 않으면 원가가 초과되는 경우가 아주 빈번해. 그러기 때문에 건설 프로젝트의 성공적인 수행을 위해서는 원가 절감 방안이 필수적으로 수반되어야 하며 이는 단순한 비용 축소가 아니라 품질과 공정의 균형을 유지하면서 효율을 극대화하는 전략이어야 해.

우리가 2장에서 설계단계는 계획설계, 기본설계, 실시설계 단계로 나누어진다고 말을 했었지. 그럼 원가계획은 언제서부터 검토가 되고 관리가 되어야 할까?

바로 계획설계 단계에서부터 시작을 해야 한단다. 이때 제시된 다양한 대안에 대해 공사비 차이를 검토해야 하고 다양한 대안 중에서 최적안이 확정되면 확정된 안에 대한 공사비를 추정해야 하지. 그리고 설계 과정에서 다양하게 제시되는 대안에 따라 원가에 대한 검토를 진행해야 해. 이러한 정보는 발주자와 설계사에 제공되어야 하고 이를 기반으로 발주자가 의사결정을 하게 되는 거야.

실시설계 단계부터는 수시로 예상 비용을 확인해야 해. 각종 사양이나 상세가 원가계획과 어떤 차이가 있는지를 비교, 검토하고 재료와 공법 등을 최종 결정하여 설계를 완성하게 된단다.

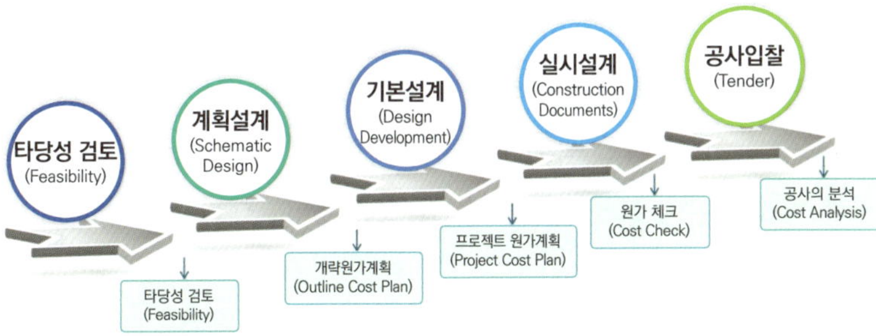

건설 프로젝트에서 실질적으로 적용이 가능한 주요 원가 절감 방안에 대해서도 한번 생각해 보자.

첫째, 설계 최적화를 통한 원가 절감

설계단계는 전체 프로젝트의 방향성과 비용 구조를 결정짓는 가장 중요한 초기과정이야. 불필요하게 과도한 설계, 중복되는 기능적인 요소, 또는 실현 불가능한 기술적 제안은 시공 단계에서 막대한 비용 증가로 이어질 수 있어. 그래서 초기 설계단계에서부터 VE[28] 기법을 활용하여 기능은 유지하면서도 원가를 절감할 수 있는 대안들을 도출하는 것이 필요하단다. 예를 들어, 동일한 구조적 성능을 제공하는 대체 자재의 사용, 공정 단순화를 통한 시공성 개선 등의 방안이 이에 포함될 수 있어.

둘째, 공정관리 및 일정 최적화를 통한 간접비 절감

28) Value Engineering, 가치공학

건설 프로젝트 기간이 길어질수록 현장 관리비, 인건비, 장비 임대료 등 간접비가 크게 증가한단다. 따라서 공정관리를 철저히 하여 공사 기간을 단축하는 것 자체가 중요한 원가 절감 방안이 될 수 있어. 이를 위해 CPM[29], PERT[30]와 같은 공정관리 기법을 활용하고, BIM[31] 등 디지털 기술을 활용하여 설계와 시공 간 충돌을 사전에 예방하는 것이 효과적이란다. 특히 공정 간 간섭 최소화 및 자재 납기 최적화는 전체 일정 단축과 함께 비용 절감에 크게 기여할 수 있으므로 이에 대한 철저한 관리가 필요해.

셋째, 현장 인력 및 장비 운영의 효율화

현장 운영 인력의 과도한 투입이나 장비의 비효율적 운용은 비용을 증가시키는 주요 요인 중 하나일거야. 그래서 현장인력은 필요한 최소한의 인원으로 배치하고, 숙련도에 따라 업무를 적절히 분배하여 생산성을 극대화할 수 있는 방안에 대한 검토가 필요해. 장비의 경우 공유장비 운영이나 최신 지능형 자동화 장비의 도입을 통해 인건비 절감 및 시공 정밀도 향상을 동시에 도모할 수 있어. 또, 장비의 가동률을 높이기 위해서 작업 간 연계성 고려 및 작업 흐름에 따른 장비 배치의 최적화가 필요하단다.

넷째, 자재비 절감 및 효율적 구매 전략

건설 프로젝트에서 자재비는 전체 원가에서 상당한 비중을 차지하므로 자재에 대한 적절한 구매 전략과 공급망 관리가 필수적이야. 이를 위해서

---

29) Critical Path Method

30) Program Evaluation and Review Technique

31) Building Information Modeling

장기 계약을 통한 단가 인하에 대한 노력, 대량 구매에 따른 규모의 경제 확보 그리고 지역 자재의 활용을 통한 운송비 절감 등이 대표적인 전략이 될 수 있단다. 또한, 자재 낭비를 방지하기 위한 정확한 수량 산정 및 적기 발주 체계를 마련하는 것도 중요해. 최근에는 친환경 인증 자재를 사용하는 것이 장기적으로 유지관리 비용 절감에도 긍정적인 영향을 미치게 되므로 이에 대한 검토도 필요해.

다섯째, 디지털 기술 및 스마트 건설기술의 도입

최근에는 디지털 기반의 스마트 건설기술을 통해 원가 절감의 새로운 가능성이 열리고 있단다. 예를 들어, 드론을 활용한 현장 측량, IoT 센서를 통한 자재 재고 모니터링, AI 기반 공정 예측 시스템 등은 인력 낭비를 줄이고 오류 발생을 최소화하는 데 큰 도움이 되고 있어. 이러한 기술들은 초기 도입비용은 높을 수 있으나, 장기적으로는 유지관리비 절감 및 재작업 비용의 감소로 이어지기 때문에 효과적인 원가 절감 수단이 될 수 있으므로 이에 대한 도입을 검토하는 것이 중요해.

생애주기비용: 원가를 정확히 계산하고 비교하기 위해서는 생애주기비용(Life-Cycle Cost, LCC)에 대한 이해가 필요하단다. 생애주기비용은 취득비용, 유지비용, 폐기비용까지 어떤 자산의 전 생애 동안 유지하기 위한 전체 비용을 의미해.

그러니까 생애주기비용을 계산하면 초기 투자비가 더 투입되더라도 유지관리비가 적은 선택지와 초기 투자비는 더 적은 대신 유지관리비가 더 드는 선택지 중 어느 것이 경제적으로 더 유리한지 검토할 수 있는 거야.

생애주기비용(LCC)의 개념

생애주기비용을 계산할 때 고려하는 항목은 구체적으로 다음과 같아.

1. 초기비용 : 설계비·토지구입비·공사비 등이 여기에 포함되며, 전체 유지관리 기간에 비하면 짧은 기간이므로 통상 건축물 취득 시점의 초기비용으로 계상
2. 유틸리티 비용 : 건축물을 운영하면서 발생되는 비용 즉, 전기세 및 수도세 등이 여기에 포함
3. 운영비용 : 보수 및 시스템 교체 비용 등 건축물 운영 시 발생되는 유지비용
4. 잔존가치 : 생애주기비용 계산 기간 후에도 남아있는 건축물의 가치를 의미
5. 기타 비용 : 건축물을 짓기 위해서 돈을 빌렸다면 이에 대한 이자 비용 및 세금 등이 포함

예를 들어 가스개별난방과 지역난방시스템 중 어떤 시스템을 도입할 것인지 결정한다고 하자. 가스개별난방 초기 투자비는 572,000 천원으로 지역난방시스템 4,198,000 천원에 비해서 훨씬 저렴해.

LCC 분석표 VE 대상명 : 00지구 난방시스템 내용년수 : 40년 할인율(%) : 7%			원설계안		대안 1		대안 2	
			가스개별난방		지역난방시스템			
초기투자비			예산금액(천원)	현재가치(천원)	예산금액(천원)	현재가치(천원)	예산금액	현재가치
A) 난방시스템			572,000	572,000	4,198,000	4,198,000		
총 초기투자비용				572,000		4,198,000		
교체/매각비용	년	현재가치계수						
A) 개별난방 시스템 교체	8년	0.582009	572,000	332,909				
B) 개별난방 시스템 교체	16년	0.338735	572,000	193,756				
C) 개별난방 시스템 교체	24년	0.197147	572,000	112,768				
E) 개별난방 시스템 교체	32년	0.114741	572,000	65,632				
F) 지역난방 시스템 교체	15년	0.362446			2,411,000	873,857		
F) 지역난방 시스템 교체	30년	0.131367			2,411,000	316,726		
E) 매각금	40년	0.06678	0	0	0	0		
총 보수교체비용				705,066		1,190,583		
연간비용		연금현재가치계수						
A) 유지관리비		13.3317	12,000	159,980	30,000	399,951		
B) 에너지 비		13.3317	822,000	10,958,657	560,000	7,465,752		
연간비용 합계				11,118,638		7,865,703		
생애주기비용 합계				12,395,703		13,254,286		
생애주기비용 절감액			858,583					

하지만 두 시스템의 생애주기를 생각한다면 보수교체비와 유지관리 비용도 따져봐야겠지? 그림을 보면 실제로 40년간의 내용연수 동안 가스개별난방에 들어가는 유지관리 비용이 지역난방시스템에 비해 훨씬 큰 것을 알 수 있어. 그래서 생애주기 동안 발생하는 모든 비용을 합쳐보아야 비로소 어느 쪽을 선택하는 것이 정말로 저렴한 것인지 확인할 수 있다는 거야.

건설 프로젝트 원가 절감은 단순히 예산을 줄이는 데 목적이 있는 것이 아니라, 자원의 효율적 활용과 프로젝트의 전반적인 품질 향상을 동시에 추구하는 종합적인 관리 전략이야. 설계, 공정, 자재, 인력 등 전 과정에서 통합적으로 접근하고, 최신 기술을 적절히 활용함으로써 실질적인 절감 효과를 기대할 수 있단다. 그래서 초기 계획단계에서부터 원가 절감 전략을 수립해야 하는 거야.

품질관리를 위한 역할과 기술들

건설공사가 완료된 후에 사용자들로부터 지속적인 평가를 받고 건축물 내구연한에 영향을 미치는 것이 바로 품질이야. 따라서 품질관리는 성공적인 건설 프로젝트 수행을 위해 꼭 필요한 기술이란다.

품질관리는 단순히 서류관리만 하는 것이 아니야. 실질적인 품질관리가 진행되기 위해서는 프로젝트 전 과정과 공종에 걸쳐 품질관리 업무가 진행되어야 하는 거지.

과거 품질관리는 결함으로 인한 손실이나 기업 이미지 손상을 방지하기 위한 수단으로 제품의 품질 불량검사를 위한 검사 중심의 관리체계였어. 이후 공정 중심의 관리, 개발 중심의 품질관리 단계를 거쳐 기업 내 모든 부서의 참여를 통한 종합적 품질관리(Total Quality Control, TQC)개념으로 발전하였단다. 이러한 품질관리 운동이 일본에 도입되면서 모든 계층이 참여하는 전사적 품질관리로 발전했어. 현대의 품질관리는 전사적, 종합적 품질경영 체계로 변환되어 문제의 원인에 집중하여 궁극적으로 문제의 발생 확률 자체를 낮추는 데 집중하고 있단다.

건설사업관리 관점에서 품질은 크게 "목표품질"과 "설계품질,"그리고 "시공품질"로 나누어 볼 수 있어.

목표품질: 건설사업은 발주자로 하여금 막대한 지출을 감내하게 하지. 발주자는 커다란 비용을 들여가면서 건축물을 통해 이익을 얻으려고 해. 공

장을 지어 상품을 더 많이 생산해서 이익을 보려고 하거나 사옥을 지어 보다 능률적으로 직원들이 일할 수 있게 하려고 하거나 가족이 함께 살 주택을 지어 행복하게 지내려고 하는 거야.

이렇듯 발주자가 건축물을 통해 얻고자 하는 목적은 다양하며 이러한 것들을 언어로 표현한 것을 발주자 요구사항(Owner's Requirements)이라고 한단다. 다시 말해서 발주자에게는 막대한 투자인 건설사업을 일으키는 목적이 있고 이 목적을 건축물이 충족시켜 줄 때 목표품질이 달성되었다고 말할 수 있어.

설계품질: 발주자는 자신의 목적을 달성할 수 있는 건축물의 형태나 공간 구성, 재료 등에 대해서 잘 알지 못한단다. 그래서 설계자는 발주자 요구사항을 만족시킬 수 있는 건축물을 구상하고 이를 설계도면의 형태로 표현하지. 설계자에 있어 발주자의 요구사항은 풀어야 하는 시험문제와 같은 것이고 설계도면은 답안지와 같다고 할 수 있어.

건설사업관리사의 역할은 설계자가 만든 설계도면이 실제로 건축물로 구현되면 발주자의 요구사항을 만족시킬 수 있을지를 검토하고 설계도면을 수정할 수 있도록 유도해야 하는 거야. 다시 말해서 설계품질은 설계도서가 발주자 요구사항을 얼마만큼 풀어낼 수 있는지에 따라 결정이 될 거야.

물론 설계자는 설계품질에 대해서 다르게 정의할 수 있어. 미적으로 우수한 건축물이거나 공공성이 뛰어난 건축물 등으로 정의할 수 있고 디테일이 잘 표현된 설계도면을 두고 설계품질이 우수하다고 말할 수 있어. 하지만 건설사업관리사 입장에서는 발주자의 요구사항이 만족되지 않는 설계도면은 이미 짓기도 전에 실패한 건축물임을 알아야 해. 설계관리 단계에서 건설사업관리사는 설계검토를 통해 발주자 요구사항에 기반하여 설계품질을 평가하고 설계안을 발전시킬 수 있도록 피드백을 제공할 수 있어야 한단다.

시공품질: 일단 발주자의 요구사항을 만족시킬 수 있는 설계도면이 준비되었다면 절반은 성공이야. 건설사업관리사는 이제 시공 단계에서 건축물이 설계도면대로 시공될 수 있도록 관리해야 하는데 이를 시공품질이라고 해.

건설사업관리사는 시공자가 설계도면에 나타난 설계자의 의도를 명확히 이해하고 이를 구현하는지를 판단해야 한단다. 시공품질을 달성하기 위해서도 엔지니어적 창의성이 필요해. 설계도면의 의도를 실제 건축물로 구현하기 위해서는 높은 엔지니어링 지식과 시공방법에 대한 이해 및 현장상황과 대지 조건에 대한 이해가 필수적이야.

이 과정을 종합해 보면 설계단계에서 설계자는 발주자 요구사항을 바탕으로 이를 만족시키는 설계도면을 만들어 내고 시공자는 설계도면을 통해 설계자의 의도를 실제 건축물로 구현하는 역할을 맡게 되는 거야. 이 과정을 지나면 발주자는 애당초 건축물을 짓기로 결정할 때 가졌던 포부와 목적을 건축물을 통해 달성할 수 있게 된단다.

즉, 설계품질과 시공품질이 적절히 확보된다면 발주자의 목표품질을 달성할 수 있게 되는 거야.

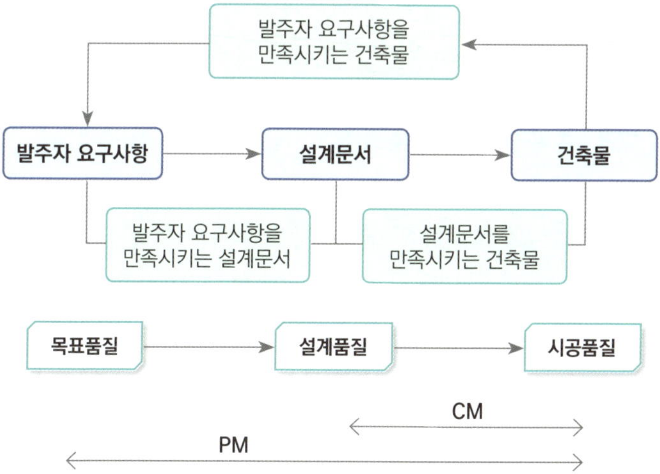

한편, 건축물의 품질을 향상시키기 위해서는 자연스레 비용이 발생되는데 이것을 품질비용이라고 말한단다. 즉, 품질을 일정 수준 확보하기 위해 발생되는 비용이야. 품질비용은 일치비용과 불일치 비용으로 구분할 수 있는데 같이 알아보자.

일치비용: 일치비용은 품질실패를 방지하기 위한 비용으로 건설공사를 진행하는 중에 발생되는 거야. 일치비용에는 대표적으로 "예방비용"과 "검사비용"이 있어. 예방비용은 품질 좋은 건축물을 처음부터 만들어내고 하자를 예방하기 위한 비용으로 작업자 훈련비용, 작업절차를 문서화하고 시스템화 그리고 작업 장비와 도구를 도입하는데 들어가는 비용을 지칭해.

검사비용은 작업 후 목표로 하는 품질 기준을 만족하고 있는지를 검사하는데 발생되는 비용을 말해. 현장감리가 시공된 부분을 전수 검사하는데 들이는 비용과 공시체 등 시료에 대한 품질을 검사하는데 들어가는 비용이란다.

불일치 비용: 불일치 비용은 목표하는 기준에 미달하여 부과되는 비용이야. 이러한 비용은 건설사업 진행 중에 발생될 수 있고 건설사업 종료 후 발생될 수 있어. 불일치비용은 품질하자를 누가 발견하느냐에 따라 다시 "내부실패 비용"과 "외부실패 비용"을 구분할 수 있어. 내부실패 비용은 품질 문제를 사업참여자들이 발견하여 발생되는 비용으로 재시공을 하는 경우 발생되는 비용이야. 외부실패 비용은 입주 전 사용자가 방문해서 하자검수를 통해 발견되는 비용으로 하자보수 비용이 이에 해당되는 거야.

품질비용을 얼마나 들여야 하는지에 대해 이해하기 위해서는 품질비용과 품질 간의 관계를 알아야 해. 일치비용의 경우 비용과 품질은 정비례 관계에 있어. 일치비용이 늘어나면 일반적으로 품질이 좋아진다고 보는 거야. 반면 제품의 품질이 좋지 않아서 품질 실패가 많이 발생하면 그에 따른 불일치비용도 많이 발생하겠지? 그러니까 불일치비용은 품질과 반비례 관계에 있단다.

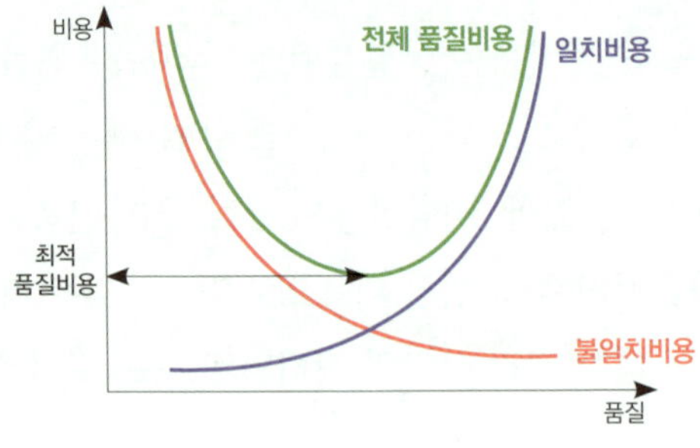

그리고 전체 품질비용은 일치비용과 불일치비용의 합이기 때문에 위 그림의 녹색 곡선과 같이 포물선 형태를 구성하게 된단다. 품질비용이 제일 적게 드는 지점, 포물선의 제일 낮은 부분이 적정 품질과 그에 따른 품질비용이라 할 수 있을 거야.

그 지점 보다 높은 품질의 건축물을 생산하기 위해서는 일치비용이 크게 증가하기 때문에 일정 수준의 하자는 발생할 수 있도록 제어하면서 하자가 발생되면 실패비용을 들여 조치해 주는 것이 경제적이야. 마치 핸드폰 하자가 발생되면 서비스센터에서 무상수리나 교환을 해 주는 것처럼 말이야. 이렇듯 최상의 품질이 반드시 최적의 품질일 필요는 없어. 품질비용의 이해를 통해 적정 품질목표와 비용을 산정하고 이에 맞춘 품질관리를 수행해야 한단다.

안전관리를 위한 역할과 기술들

건설공사 과정에서 가장 중요한 것이 무엇일까? 바로 안전이란다. 안전은 바로 우리의 소중한 생명과 직결되기 때문에 건설공사 과정에서 체계적인 안전관리 업무는 매우 중요하단다. 따라서 안전관리란 사고의 원인이 되는 불안전 상태와 조건, 행동을 사전에 인지하고 제거하여 사고를 방지함으로써 인명과 재산 피해를 예방하고 관리하는 활동을 말한단다.

안전관리의 중요성이 대두되면서 2022년 "중대재해 처벌 등에 관한 법률" 시행을 앞두고 찬반 의견 대립으로 많은 사회적 혼란이 야기되었어. 이 법은 중대한 인명 피해를 주는 산업재해가 발생했을 경우 사업주 형사처벌 강화를 골자로 해. 경영 책임자가 사업장에 대한 안전과 보건에 대한 투자를 확대하고 안전관리 체계 구축을 통해 중대재해를 예방하자는 취지인 거야.

하지만 중대재해가 발생되었을 경우 이에 대한 처벌과 관련된 법률은 이미 "산업안전보건법"에 담겨져 있어서 시행 전 찬반 논쟁도 발생이 되었단다. 찬성하는 사람들은 사업주 처벌 강화를 통한 투자 및 안전관리에 대한 관심 증대가 중대재해 예방에 기여할 수 있다고 주장하였어. 반대하는 사람들은 중대재해가 발생되었을 경우 처벌에 대한 법률이 이미 시행 중이고 많은 규제는 기업의 자율성을 해치고 안전사고 예방에 큰 효과가 없을 것이라는 주장이야. 어쨌든 이 법은 2022년 시행되었고 2024년에는 50인 이하의 사업장까지 확대 적용되었단다.

2024년 고용노동부 통계에 따르면 한국 건설업 사고사망만인율[32)]은 1.59로 안전에 있어 가장 우수한 나라인 영국 건설산업의 사망만인율 0.24에 비해 6.6배 높았어. 우리가 건설산업 안전관리를 잘 한다면 6배 이상은 안전사고를 줄일 수 있다는 이야기이지.

하지만 우리나라 전산업 사망만인율은 0.37로 영국 전산업 사망만인율 0.04의 9배가 넘는다는 것도 사실이란다. 영국에서조차도 건설업의 사망만인율이 전산업 대비 6배나 높아. 그만큼 건설산업은 타 산업과는 다른 특성을 가지고 있고 사고에 취약할 수 밖에 없다는 거지. 이 점을 이해하고 건설산업의 안전관리 노력을 동시에 기울여 나가야 해.

건설산업 안전사고의 실질적 감소를 위해서는 건설업 생산 방식의 변화, 저가 입낙찰 제도의 개선, 기술인력과 기능인력의 안전 인식 변화를 위한 교육, 현장 안전시스템 체계 구축을 위한 노력 등이 함께 필요하단다.

구분	명목 GDP	사고사망만인율(‰)			
		全산업(A)	건설산업(B)	격차(B/A)	출처
미국	27.7조 달러	0.37(8위)	0.96(8위)	2.59	U.S. Bureau of Labour
독일	4.5조 달러	0.07(2위)	0.29(2위)	4.14	국제노동기구(ILO)
일본	4.2조 달러	0.13(2위)	0.68(4위)	5.23	
영국	3.4조 달러	0.04(1위)	0.24(1위)	6.00	Health and Safety Executive
프랑스	3.1조 달러	0.35(7위)	0.97(8위)	2.77	국제노동기구(ILO)
이탈리아	2.3조 달러	0.20(6위)	0.92(6위)	4.60	
캐나다	2.2조 달러	0.50(10위)	1.08(9위)	2.16	
호주	1.7조 달러	0.14(4위)	0.34(3위)	2.43	Safe Work Australia
대한민국	1.7조 달러	0.37(9위)	1.59(10위)	4.08	고용노동부
스페인	1.6조 달러	0.17(5위)	0.72(5위)	4.24	국제노동기구(ILO)
10개국 평균	5.2조 달러	0.24	0.78	3.25	-

32) 근로자 1만명 당 사망자 비율

또 하나 건설산업 안전관리에서 중요한 것은 소규모 건설현장 관리야. 사망사고의 절반 정도는 소규모 현장에서 발생하고 있고 좀처럼 개선되지 않고 있는데, 여기에는 여러 이유가 있어. 먼저 소규모 건설현장은 1년 미만의 현장이 많기 때문에 기능인력 수급 및 통제, 관리가 현실적으로 어렵고, 이는 안전사고로 연결될 수 있어. 그리고 소규모 건설현장에서는 원가절감을 위해 불안전한 가설자재를 사용하는 빈도가 중대형 현장보다 높고 이로 인해 안전사고가 발생할 위험이 커진단다. 소규모 건설현장은 현장대리인의 역할, 공사와 공무 업무, 안전관리, 협력업체 관리 등 업무 강도가 중대형 현장에 비해서 높아 체계적인 현장관리가 어려워.

그래서 소규모 건설현장의 안전사고 예방 및 관리를 위해서는 정부 차원에서 행정지원 시스템을 개발하고 보급해서 현장 업무를 체계적으로 감소시켜 줄 필요가 있어. 또 현실적인 공사기간 설정과 안전관리자 선임 의무가 필요하고 이를 공사내역서에 반영할 수 있어야겠지.

소규모 건설현장의 정의

건설산업기본법과 산업안전보건법에서 소규모 건설현장에 대한 명확한 규정은 없단다. 한국산업안전보건공단은 소규모 건설현장을 건설현장 상시근로자 50인 이하 및 공사금액 3억 원 미만(전기, 통신공사는 1억 원 미만)으로 규정하고 있어.

서울시에서는 연면적 기준으로 소규모 건설현장을 구분하고 있어. 즉, 연면적 2천㎡ 이하 현장은 소규모 현장, 연면적 2천㎡ 이상 1만㎡ 미만 현장은 중규모 현장, 그리고 연면적 1만㎡ 이상 현장을 대규모 현장으로 구분한단다.

현장 안전관리자는 작업 중 위험요소를 발굴하고 관리 방안을 마련해야 해. 위험요소들을 여기에서 다 설명할 수는 없지만 몇 가지만 언급하자면 안전난간을 설치하지 않거나 현장 주변정리를 소홀히 하는 것들이 있어.

안전난간 미설치 사례(좌)와 현장 주변정리 미흡 사례(우)

또, 고소 작업 시 안전 장비 미착용, 협소한 야적장으로 인한 자재 적재 불량으로 다양한 사고가 발생되고 있단다.

안전벨트 미착용 사례(좌)와 현장 야적장 부족 사례(우)

현장대리인과 건설사는 현장 안전관리자가 역할을 잘 수행할 수 있도록 안전관리 의지를 표명하고 협력업체 평가 시 안전관리 업무 실적을 평가에 반영해서 안전관리 역량을 위한 투자를 유도하는 것이 필요해. 또 안전관리 운영 결과에 대해 명확한 피드백을 주고, 현장 근로자와의 안전소통 채널 운영 등 협력업체와 현장 안전관리를 위한 유기적인 네트워크를 구축하는 것이 중요하단다.

그렇다면 안전사고를 예방하기 위해서는 언제부터 안전관리 업무를 수행해야 할까? 답은 바로 "설계단계에서부터 시작되어야 한다"야. 설계 안전성 검토(Design for Safety, DFS)는 설계단계에서 건설 과정에서 발생될 수 있는 위험인자를 도출 및 위험성을 평가하여 위험인자를 제거함으로써 건설현장의 재해를 예방하는 것을 목적으로 하고 있단다.

설계안전성 검토대상 건축물

① 시설물의 안전 및 유지관리에 관한 특별법 제2조제2호 및 제3호에 따른 1종 시설물 및 2종 시설물의 건설공사
② 지하 10m 이상을 굴착하는 건설공사
③ 폭발물 사용으로 주변(20m 내 시설물 또는 100m 내 가축 사육)에 영향이 예상되는 건설공사
④ 10층 이상 16층 미만인 건축물의 건설공사
⑤ 10층 이상인 건축물의 리모델링 또는 해체공사
⑥ 『주택법』제2조제25호 다목에 따른 수직증축형 리모델링
⑦ 『건진법 시행령』 제101조의2제1항의 가설구조물을 사용하는 건설공사
⑧ 상기 건설공사 외 기타 건설공사이며, 건설기술진흥법시행령에 의거하여 설계안전성검토 보고서를 작성하여야 한단다.

건설기술진흥법 시행령에 따르면, 발주자는 안전관리계획을 수립해야 하는 건설공사의 실시설계를 할 때에는 시공 과정의 안전성 확보 여부를 확인하기 위해 설계 안전성 검토를 국토안전관리원에 의뢰해야 한단다. 그

리고 의뢰 시에 시공 단계에서 반드시 고려해야 하는 위험 요소, 위험성 및 그에 대한 저감 대책, 그리고 설계에 포함된 각종 시공법과 절차에 관한 사항을 설계의 안전성에 관한 보고서에 담고 있어야 해.

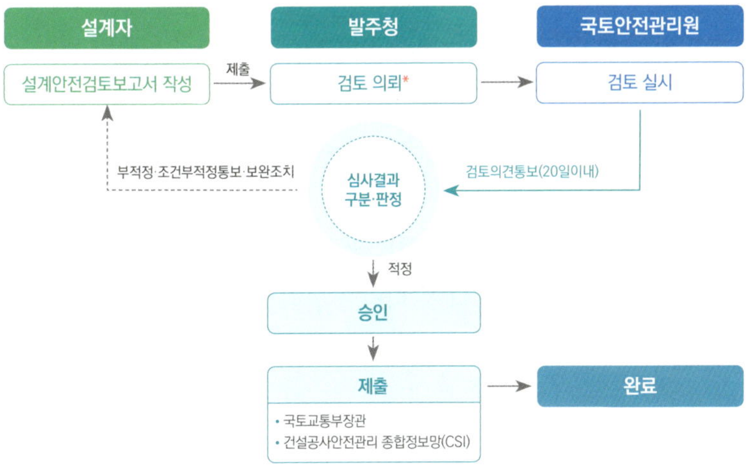

* 검토시기 : 설계도면과 시방서, 내역서, 구조 및 수리계산서가 완료된 시점에서 실시하는 것을 원칙으로 하나 실시시기는 발주청이 별도로 정할 수 있다.

이처럼 설계의 안전성 검토 절차는 설계도면, 시방서, 내역서. 구조 및 수리계산서가 완료되는 시점인 실시설계 공정률 80%정도에서 설계안전성 검토 보고서를 작성하여 발주자에게 제출해야 된단다. 접수받은 발주자는 국토안전관리원에 검토를 의뢰하고 국토안전관리원은 20일 이내 발주자에게 결과를 통보하여 국토교통부장관에게 최종 제출하는 과정을 거치게 돼.

따라서 설계의 안전성 검토는 건설사업 모든 단계의 안전 위험요소를 선제적으로 제거하고 저감하는 활동 및 프로세스의 시작이란다.

정리: 건축 프로젝트 전문가는 어떤 일을 하더라?

건축 프로젝트를 진행할 때 동일한 인력과 자재, 장비를 투입한다고 해도 모두 똑같은 결과물이 나타나지 않는 것이 건축 프로젝트의 특징이야. 자원을 어떤 순서로 어떻게 투입하는지에 대한 의사결정과 관리 역량들에 따라서 프로젝트가 성공할 수도 있고 실패할 수도 있단다. 그만큼 프로젝트 관리자의 역량에 따라서 결과물이 달라질 수 있다는 거지.

따라서 프로젝트 관리자는 프로젝트 관리 지식, 프로젝트 환경에 대한 이해, 경영 지식, 의사소통 능력 등 다양한 관리 능력을 통해 프로젝트가 성공적으로 마무리될 수 있도록 최선의 노력을 해야 할 거야.

공정관리는 프로젝트와 관련한 다양한 정보를 수집, 분석하여 시공 방법을 결정하고 세부 일정계획을 수립한 후 내가 가지고 있는 자원을 어떤 작업에 얼마나 투입할 것인지를 계획, 관리하는 업무를 수행하는 거야. 공정계획을 수립할 때 네트워크 다이어그램과 간차트 그리고 CPM을 기반으로 공정계획을 수립해.

원가관리 업무는 프로젝트에 투입되는 돈을 관리하는 거야. 설계단계에서부터 VE 활동과 LCC 비교 분석을 통해 체계적인 원가관리 업무가 수행이 되어야 한단다. 건설공사 단계에서는 효율적인 공정관리와 일정 최적화 방안을 통해 간접비를 절감할 수 있고, 숙련도에 따른 업무 배치 최적화와 최신 자동화 장비 투입을 통한 인건비 및 건설장비 가동률 향상을 위한 노력도 중요해. 그리고 장기 계약을 통한 단가 인하 방안과 지역자재 활용을 통한 운송비 절감 방안 등도 함께 고려되어야 한단다.

하지만 아무리 공기를 줄이고 원가를 절감했다고 해도 품질에 대한 하자가 너무나 많으면 이것 또한 성공한 프로젝트가 아닐 거야. 품질관리는 크게 설계도서에 발주자의 요구사항을 명확히 반영하고 설계안을 발전시키는 설계품질과 시공 단계에서 설계도면에 따라 설계자의 의도를 실체 건축물로 구현해 내는 시공품질로 구분할 수 있어. 이때 건축물의 품질을 향상시키기 위해서는 비용이 발생되는데 이것을 품질비용이라고 해. 품질관리에서는 최적의 품질비용을 만들어 내는 것이 중요하단다.

건축 프로젝트 진행 시 사람의 생명과 직결되는 안전관리는 너무나 중요해. 건설 과정에서 발생하는 수많은 위험 요소들 때문에 안전사고가 발생되기 때문이지. 안전사고를 예방하기 위해서는 설계단계에서부터 시공을 고려한 설계 업무가 진행되어야 해. 또 시공 단계의 위험 요소를 사전에 도출하여 설계에 반영하는 것이 설계의 안전성 검토(DFS)라는 것을 잊지 말자.

이 네 가지 요소, 즉 공정, 원가, 품질, 안전을 건설 프로젝트 관리의 4요소라고 한단다. 건축 프로젝트 전문가는 이 네 가지 요소의 관리 전문가가 되어야 하는 거야.

해외사례: 린건설과 선진형사업관리

건축 프로젝트 관리는 매우 복잡하고 어려운 일이고, 이를 돕기 위한 새로운 지식과 기법들도 개발되고 있단다. 그 중 대표적인 것들로 린건설과 선진형사업관리를 설명해 줄게.

먼저 린(lean)이라는 단어는 기름기를 제거한다는 뜻을 가지고 있단다. 마찬가지로, 린건설(Lean Construction)은 건축물의 생산과정에 존재하는 낭비요소(waste)를 찾고 제거해감으로써 발주자에게 더 큰 가치(value)를 제공하기 위한 지속적인 개선활동과 기법들을 일컫는 말이야. Waste는 우리 말로 "쓰레기"이지만 여기에서는 물질적인 쓰레기를 의미하는 것이 아니라, 고객이 건축물로부터 원하는 가치(value)의 반대 말을 의미한단다.

역사적으로 린건설은 일본 자동차회사인 토요타 생산시스템에 근간을 두고 있어. 이후 제조업과 건설산업의 실력 차이를 뼈아프게 지적한 영국의 이건 보고서(Egan Report)와 버밍햄 대학에서 발표한 박사학위 논문 이후 급속도로 이론화되고 발전되었지. 미국의 린건설협회[33]는 린건설 이론을 정립하고 출판과 교육 활동을 활발하게 벌이고 있는 단체야.

린건설은 건설 생산과정에서 발생하는 낭비요소들, 즉 과생산, 대기, 불필요한 이동, 초과 재고 등을 없애기 위한 기법과 도구를 개발해서 건설 생산과정의 효율을 높이는 것을 목적으로 하고 있단다.

33) Lean Construction Institute, LCI

선진형사업관리(Advanced Work Packaging, AWP)는 플랜트 프로젝트의 시공관리에서 처음 생겨난 개념으로, 제약사항에 의해 방해받지 않고 시공을 할 수 있도록, 실제 시공이 이루어지는 과정을 미리 생각해서 계획을 수립하는 활동을 의미해. AWP의 "advanced"는 "미리," 혹은 "사전에"로 해석할 수 있지만 우리나라에서는 "선진형"으로 이름 붙여졌어.

흔히 "지피지기면 백전백승"이라는 말을 하는데, 적을 알고 나를 알면 승리한다는 뜻이잖아? 건설사업 프로젝트에서 "적"은 일의 양을 뜻하고, "나"는 프로젝트 팀의 상황을 의미해. 즉, 시공해야 하는 일의 양을 정확히 파악하고 프로젝트 팀의 상황을 잘 알고 계획을 수립하면 프로젝트는 반드시 성공한다는 말로 해석할 수 있는데, 이것이 AWP의 기본 개념이란다.

AWP는 시공작업패키지(CWP), 엔지니어링작업패키지(EWP), 설치작업패키지(IWP) 등을 작성하고 통합해야 하는 어려운 작업이야. 이는 문서작업을 통해 이루어질 수도 있지만, 정보의 확인과 가공에 막대한 인적자원이 투입되어야 하고, 이러한 점이 실제 현업의 도입을 방해하는 주요 요인으로 작용하고 있어.

하지만, 정밀한 프로젝트관리 계획을 수립하여 작업자들이 어떠한 방해도 받지 않고 일할 수 있도록 함으로써 프로젝트의 생산성을 크게 높일 수 있음은 여러 사례연구를 통해 밝혀진 바 있단다. AWP를 비용으로 이해하기 보다는 더 효율적인 사업관리를 위한 투자로 생각해야 하는 이유가 여기에 있지.

제 5 장

새로운 기술이 미래 건축에 어떤 영향을 미치는가?

인공지능, 디지털트윈, 로봇, IoT, 드론, 이런 기술들이 건설산업에 어떤 영향을 주고 있는지 알고 있니? 건설산업은 새로운 기술을 받아들여 고성능의 건축물을 보다 더 안전하고 경제적으로 짓기 위해 노력하고 있단다. 미래의 건축 전문가들은 이런 기술들을 어떻게 이해하고 어떤 준비를 해야 하는지 알아보자.

5

SECTION

BIM과 가상설계시공

미래 건축을 얘기할 때 가장 중요한 기술은 건축정보모델, 즉 BIM 기술이야. BIM은 건축물 정보를 3D 형태의 시각적으로 보여줄뿐더러 여러 인공지능과 IoT, 시뮬레이션 기술의 결합을 가능케 해주는 매우 중요한 기술이란다.

BIM은 기본적으로 건축사, 즉 설계를 하는 사람이 작성해야 하는 모델이야. 설계자의 의도를 발주자, 시공자 등과 의사소통하기 위한 설계 모델은 모형, 설계도면, CAD, 그리고 BIM의 순서로 발전해 오고 있단다.

설계도면은 보는 방향에 따라 다르게 보이는 건축물을 여러 종이에 나누어 그림으로써 무거운 물리적 모형 대신 한 뭉치의 종이에다 건축물에 대한 아이디어를 표현하는 거야. 예를 들어 위에서 내려다 보는 평면도, 옆에서 보는 입면도, 특정 부위를 잘라서 보는 단면도 등이 있고 3D로 표현하는 도면들도 있지.

이후 컴퓨터가 등장하고 건축 프로젝트에 더 많은 사람들이 참여하게 되면서, 컴퓨터에 저장할 수 있는 디지털 형태로 도면들을 만들고 파일 형태로 쉽게 공유할 수 있는 방법이 고안되었는데 이것이 CAD(Computer-Aided Drafting)란다.

도면 시스템과 CAD의 차이는 디지털화 여부에 있어. 도면은 종이로 만들어지고 묶여서 캐비넷에 보관되었지만, CAD는 컴퓨터에서 파일로 만들어져 폴더 형태로 저장장치에 보관돼. 다른 사람과 건축 정보를 공유하기 위해 도면은 소포 등으로 며칠씩 걸려 보내졌지만, CAD는 이메일 등으로 순식간에 보낼 수 있어.

BIM(Building Information Modeling)은 새롭게 등장한 설계 모델 생성 방법으로, 디지털 형태의 모형을 컴퓨터 안에서 만드는 것을 의미한단다. 심즈(Sims) 같은 게임에서 바닥을 만들고 벽을 만들고 벽에 그림을 걸고 하는 것과 같은 방식으로 건축물에 대한 아이디어를 표현하는 거야. 디지털 공간에서 물리적 모형을 만드는 것과 매우 유사하게, BIM은 먼저 모델을 만들고 이 모델을 여러 방향에서 바라보는 장면을 사진찍듯 도면을 만들어 낸단다. BIM에서는 이렇게 만들어 낸 도면들을 뷰(view)라고 부르지.

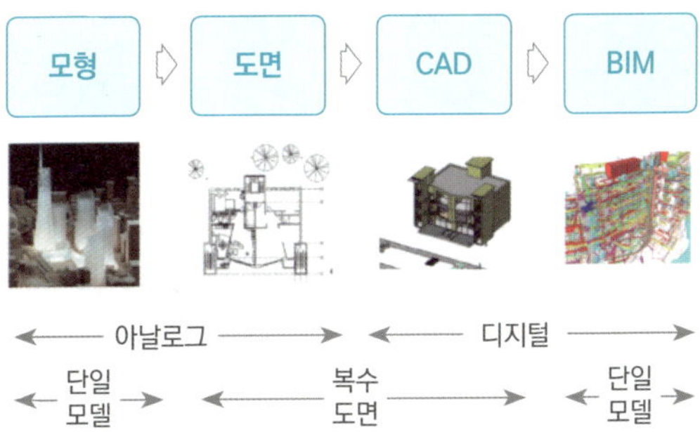

CAD와 BIM의 차이를 알아야 BIM이 어떻게 건축을 바꾸는지 이해할 수 있어. CAD와 BIM의 첫 번째 차이점은 CAD는 하나의 건물을 표현하는 여러 장의 도면 파일이 존재하는 반면, BIM은 하나의 건물은 하나의 모델 파일로 표현된다는 거야. CAD를 사용하는 설계자는 수십 장에서 수백 장에 달하는 입면도, 단면도, 평면도 등을 그려 건축물을 표현해. 그러다 보면 시간이 오래 걸릴 뿐 아니라, 실수하기 쉽고 도면 간 불일치가 생겨나게 된단다.

또, 설계자의 아이디어가 바뀌면 관련 있는 모든 도면을 찾아 적절히 수정을 해야 하는데 이게 참 시간이 오래 걸리고 실수하기 쉬운 작업이란다. 예를 들어 굴뚝 하나가 추가되면 그 굴뚝이 보이는 입면도도 수정해야 하고, 평면도도 수정해야 하고 하는 식이지.

반면에 BIM은 컴퓨터에 단일 모형을 먼저 만들고 필요한 뷰를 생성하는 방식이기 때문에 모든 도면은 항상 일치할 수 밖에 없단다. 마치 물리적 모형을 먼저 만들어 놓고 요리보고 조리보는 것과 같기 때문이지. 또 모든 도

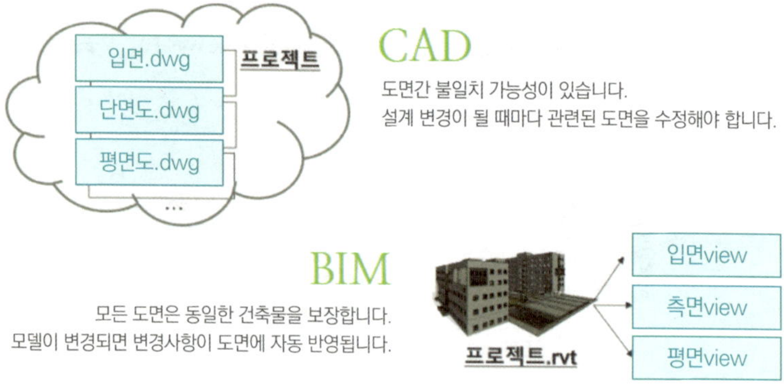

면들은 서로 연결이 되어 있어 하나의 도면을 수정하여 모형을 수정하면 다른 모든 도면들이 정확하게 수정된단다. 따라서, 모든 도면들이 항상 최신의 상태로 유지되는 장점이 있지.

CAD와 BIM의 두 번째 차이점은 CAD는 도면을 점, 선, 면 등으로 인식하지만, BIM은 도면에 들어 있는 벽, 문, 창 등 건축부재들을 인식한다는 점이란다. CAD의 특징 중 하나로 "Lines don't carry intelligence", 즉 선들은 지능이 없다라고 이야기하는데, CAD 도면의 해석은 늘 사람에 의존한다는 이야기야.

반면 BIM은 애초에 건축부재들을 가져다 놓는 방식으로 모형을 만들었기 때문에, 컴퓨터가 사람의 도움 없이 건축 정보를 파악할 수 있어. BIM의 BI가 "Building Information"인 것도 이러한 특성을 반영하고 있기 때문이란다.

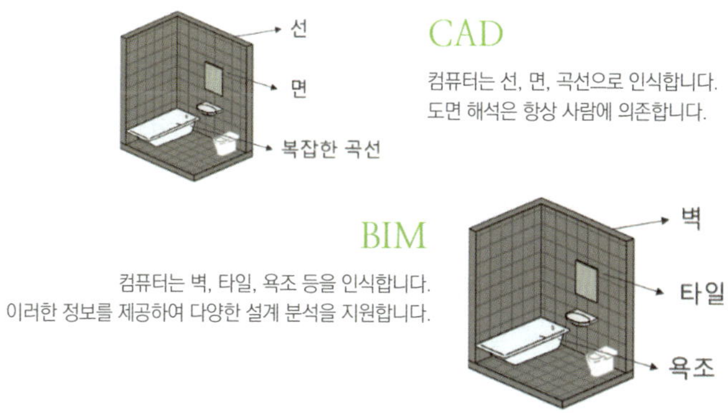

위 그림에서 CAD는 화장실을 선, 면, 곡선들의 조합으로 이해하지만, BIM은 화장실이 벽, 타일, 욕조 등으로 구성되었음을 인식할 수 있어. 그

러니까 BIM은 이 화장실에 타일의 갯수가 몇개인지, 욕조는 어느 회사 제품인지, 벽의 재료는 무엇인지 쉽게 알 수 있다는 거지. 사람의 도움이나 해석 없이도 말이야!

이러한 BIM의 장점은 설계자로 하여금 물량산출, 에너지 분석, 단열성능 분석 등 다양한 컴퓨터 분석도구를 활용해 설계안을 미리 검토할 수 있도록 해 준단다. 설계안 분석에 있어 가장 중요한 정보는 건축물에 대한 정보이기 때문이야.

한편 "가상설계시공"으로 번역되는 VDC(Virtual Design and Construction)는 BIM을 활용한 건설사업의 의사결정에 초점을 맞추고 있어. 즉 VDC는 의사결정을 잘 내리고 사업을 성공으로 이끌기 위해서는 여러 모델들이 결합되어야 한다고 이야기하면서, BIM을 핵심 정보의 하나로 바라보고 있단다.

VDC는 시각화, 통합화, 자동화의 세 단계로 발전적으로 적용할 수 있어. 시각화는 정보를 모델링하고 시각화하여 프로젝트 참여자들이 함께 모여 볼 수 있도록 하는 단계야. 사회적 통합이라고도 부르는데, 빅룸(big room)이라고 부르는 회의실에서 여러 스크린에 정보를 함께 보여줌으로써 건설사업의 의사결정을 돕는단다.

통합 단계에서는 BIM 정보가 비용 정보, 일정 정보 등 다른 정보 모델과 통합됨으로써 다양한 분석을 만들어내는 단계야. 흔히 얘기하는 4D[34),]

34) 일정과 BIM의 통합

5D[35] , 6D[36] 등의 활동은 통합 단계의 VDC 기술들이란다.

마지막 자동화는 최적화와 인공지능 기술 등과 결합하여 새로운 대안을 만들어내고 건설사업 성공을 위한 의사결정을 직접 지원하는 거란다. 목표는 인간보다 나은 의사결정을 빠르게 내릴 수 있도록 하는 것이고, 건설사업 성과의 혁신을 만들어 내는 거야.

프리콘과 현장정보모델링(CoSIM)

프리콘(Pre-construction)은 시공 전에 사업 목표와 목적에 부합하도록 원가, 일정, 품질에 관한 사항을 지속해서 검증하고 시뮬레이션하는 거란다. 건설사업 성패에 매우 중요한 요소라 할 수 있지.

그런데 BIM이 건축부재 정보를 컴퓨터에 제공하는 것처럼, 시공 전에 실질적인 프리콘이 이루어지려면 디지털화된 현장 컨텍스트에 건축물 정보 뿐만 아니라 현장 생산요소(가설시설, 양중장비 등) 정보가 함께 결합된 모델이 필요해.

이런 건설현장의 디지털 모델을 건축 현장정보모델(Construction Site Information Modeling, CoSIM)이라고 해. 아직 이런 모델의 개발은 더디지만 건설의 디지털화를 위한 BIM 다음 단계가 CoSIM이 아닐까?

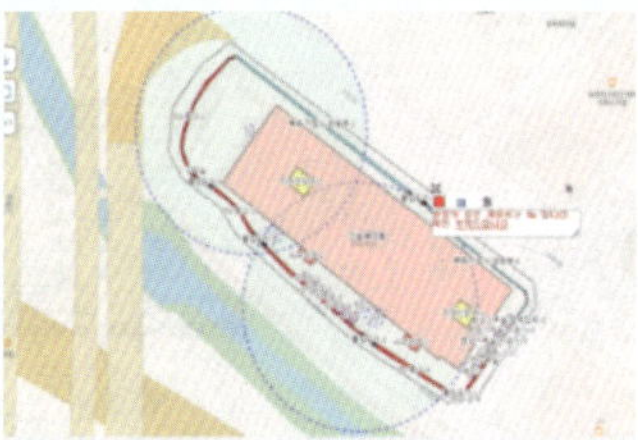

---

35) 일정과 BIM, 그리고 비용 정보의 통합

36) 5D에 유지관리 정보까지 통합

제조화 건설

전통적인 건축 생산방식은 원재료 및 건축자재, 시공을 위한 장비와 인력의 대부분을 현장으로 집결시킨 후 현장에서 시공하는 방식으로 이루어져. 이러한 방식은 자연스레 공기를 길게 만들고, 건축물의 품질 저하, 환경 문제, 인력의 생산성 저하, 일거리 공급의 불안정, 안전사고에의 노출 등 문제를 일으키는 근본 원인이란다. 건설산업은 문제해결을 위해 다양한 기술개발 노력을 기울이고 있지만, 어찌 보면 현장 중심 생산방식의 한계에 따른 것으로 근본적으로 건설산업은 같은 문제에 계속 직면해 있는게 현실이야.

이런 전통적인 생산방식과 다르게 제조화 건설(Off-Site Construction, OSC)은 건축물이 최종 설치되어 사용하는 장소가 아닌 다른 곳에서 더 안전하고 효율적으로 건축물을 생산하는 방식을 의미한단다. 공장과 같이 전혀 다른 위치에서 생산되어 현장으로 운송될 수도 있고, 현장 지상 등에서 조립되어 최종 설치 위치로 이동시키는 것도 제조화 건설의 범주에 속해.

소재로는 철골, 목재, 프리캐스트콘크리트(Precast Concrete, PC) 등 다양한 재료가 활용 가능하고, 벽식구조, 기둥보구조, 입체식 등 다양한 방

식으로 건축물을 만들 수 있단다. 캐나다나 미국에서는 목재를 재료로 사용해서 건축물을 만드는 경우가 많으니까 OSC도 목재를 많이 사용하고, 우리나라는 전통적으로 콘크리트 주택을 선호하니까 주거용 OSC는 PC를 재료로 많이 사용해. 사무실 같은 경우는 철골 모듈러 방식의 OSC도 많이 사용하지.

OSC는 사실 우리말로 딱히 정해진 말이 없어서 그냥 “OSC”라는 용어를 그대로 쓰기도 해. Off-Site니까 현장 밖, 그러니까 탈현장 건설이라고도 하고, 프리패브, 공업화 건설, 모듈러 건설 등 다양한 용어로 불리고 있단다. 홍콩에서는 MiC[37], 미국에서는 PPMOF[38]이라는 용어를 사용하는데 그 정의는 대동소이해. 영국에서는 아예 현대화 건설(Modern Methods of Construction, MMC)이라고 지칭하면서 기존의 현장 중심의 건축물 생산방식과 대비해서 부르고 있단다.

37) Modular-integrated Construction

38) Prefabrication, Preassembly, Modularization, and Offsite Fabrication

제조화 건설은 전통적 방식에 비해 여러 가지 장점이 있는 미래형 건축 방식이야. 먼저, 현장에서 토공사와 기초공사를 수행할 때 공장에서 건축 부재를 동시에 생산할 수 있어서 공기를 크게 단축시킬 수 있단다. 그리고 부재 생산을 공장화, 표준화해서 지속적인 품질 개선에 유리해. 그리고 부재의 반복 생산을 통해 비용 절감 가능성도 있지. 또 현장에서의 맞춤식 땜질식 작업이 줄어들어서 건설 폐기물을 최소화하고 재사용할 수 있게 해.

안전 측면에서도 위험한 고층, 야외 작업을 줄여 지상의 실내 환경에서 비바람 맞지 않고 작업을 수행하게 하니까 전통적인 방식에 비해 훨씬 유리해. 일단 현장에 투입되는 노동력의 숫자도 획기적으로 줄일 수 있으니까 확률적으로도 사고 빈도가 줄어들겠지?

제조화 건설은 새롭게 등장한 개념이 아니라, 제조업의 발전에 따라 1800년대부터 꾸준히 이야기되던 개념이란다. 예전에는 산업혁명, 전쟁으로 인한 주택 공급의 시급성 등이 주요 도입 이유였어. 하지만 공장에서 생산한 부재 치수의 정확도가 떨어지니 현장에서 작업이 원활하지 않아서 다시 가공을 해야 하는 등의 기술적인 어려움으로 활성화되기 어려웠지.

하지만 요즘에는 BIM 같은 IT 기술이 발전하고 로보틱스 등 제조 기술의 정교화 등 기술적 어려움이 제거되고 있어. 그리고 인건비 상승과 노동자들의 보건과 안전 이슈들, 환경 문제에 대한 인식이 올라가는 등 제조화 건설로의 변화 움직임은 보다 더 빨라질 것으로 전망된단다. 제조화 건설

활성화를 위한 새로운 동력들이 마련되고 있는 셈이지.

자, 그럼 제조화 건설이 미래 건축 전문가들에게 어떤 의미가 되고 어떤 기술들이 새롭게 떠오를까? 제조화 건설의 본질은 제조업 기반의 건축부재 생산 범위를 늘려 가는 것에 있단다. 생각해보면 지금도 건축물의 많은 부분들은 현장에서 생산하지 않고 공장에서 만들어 가져 오고 있어. 창호와 커튼월 등이 대표적이지. 제조화 건설로의 움직임은 공장 제작된 표준화 부재의 비중을 늘여가는 것이고 이미 우리 건설산업에서 많이 일어나고 있단다.

전통적인 건축물 생산 방식에서는 현장 제작, 일회성 작업의 비중이 높기 때문에 설계된 대로 시공이 잘 되고 있는지 확인하고 관리하는 것이 중요해. 이를 위해 앞서 설명한 것처럼 건설산업에서는 BIM 기술을 발전시켜 건축물의 디지털화와 시각화 노력을 하고 있지.

하지만 제조화 건설 프로젝트에서는 BIM 외에도 다른 두 가지 기술이 중요하게 등장할 텐데 하나는 DfMA(Design for Manufacture and Assembly) 기술이고 다른 하나는 운송/공급망 관리 기술이란다.

먼저 DfMA 기술은 공장 제작, 부재의 운송, 현장 설치가 용이하게 건축부재를 설계하고 생산하는 기술이야. 전통적으로 제조분야 설계자들은 "we design it, you build it"(우리가 설계할테니 너희가 만들어) 사고를 가지고 제품 설계와 생산을 독립적으로 다루어 왔대. 하지만 생산 과정에서의 제작과 조립 효율성이 설계에 크게 제약을 받자, 제작과 조립 효율성을 제품 설계 때에 고려한다는 DfMA 개념이 탄생하게 되었단다. 즉, DfMA는 제품 설계 단계에서 후속 공정인 제작 및 조립에 대한 정보를 포함함으로써, 제품을 구성하는 부품들의 제작 및 조립 효율성을 높이기 위한 설계 방식을 뜻하는 거야.

건축 생산 과정에서도 부재를 어떤 형상으로 분할하고 설계하느냐에 따라 제작, 운반 및 현장 설치의 효율성이 달라질 수 있어. 그래서 이미 여러 나라에서는 건축 DfMA 가이드라인들과 절차를 제시하고, 다양한 연구를 진행하고 있단다. 영국의 왕립건축가협회[39]는 건설산업에 DfMA를 적용하면 20~60%의 공기 단축, 20~40%의 공사비 절감 효과가 있다고 얘기하면서 건축 생산 단계별 DfMA 적용 전략을 제시했어. 싱가포르와 홍콩에서도 DfMA를 구성하는 기술 및 법적 요건 검토에 대한 가이드라인을 제공하고 있단다.

두 번째로 운송/공급망 관리 기술은 필요한 시점에 현장으로 부재를 원활히 공급할 수 있게 하는 기술로, 특히 건축 부재를 생산하는 공장 갯수가 많아지고 제조화 건설 현장 갯수가 많아질 때 더욱 중요해질 것으로 예측되고 있어.

OSC 프로젝트에서 운송비는 전체 프로젝트 비용의 5% 내외를 차지하지만, 건축 부재의 생산 위치와 설치 위치가 다른 OSC 프로젝트 특성상 운송이 프로젝트 성패에 미치는 영향은 매우 크단다. 운송계획이 잘 되면 전체 공사비를 20% 정도 절감할 수 있다는 보고도 있을 정도야. 운송

39) Royal Institute of British Architects, RIBA

계획과 관리의 중요성을 잘 이해하겠지? 제조화 건설에서 대표적인 운송 관련 이슈들은 운송 경로계획과 트랙킹, 어떤 부재를 어떤 차량에 실어 운송하느냐의 할당계획, 부재를 차량에 어떻게 적재하느냐 하는 적재계획 등이 있어.

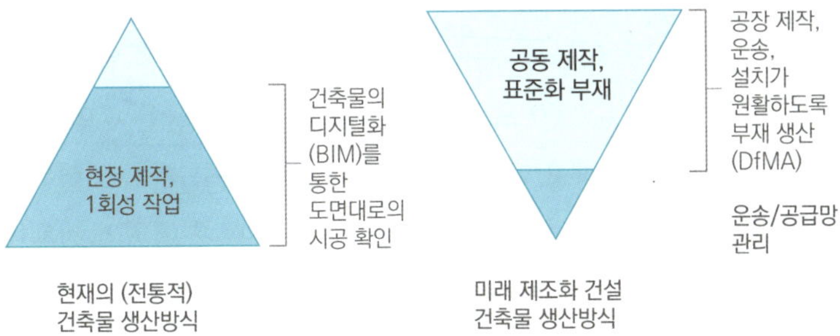

제조화 건설로 가는 데 있어서 여전히 기술적, 제도적 장애물은 많아. 그렇지만 예전에 자동차가 마차를 대체할 때 여러 저항이 있었지만 지금은 생활 속에서 마차를 찾아보기 어렵잖아? 제조화 건설은 지금의 전통적 건축물 생산방식의 문제를 해결할 수 있는 새로운 패러다임이야. 그 과정에 있는 여러 문제들을 해결하는 것이 건축 전문가들의 역할 아닐까?

인공지능과 빅데이터

인공지능과 빅데이터라는 용어는 이제 모르는 사람이 없을 만큼 널리 퍼져 있지만, 그런 만큼 다양하게 해석되고 사용되고 있는 용어이기도 하단다.

인공지능이라는 용어는 지능을 신이 아닌, 그리고 자연적으로 발생한 것이 아닌, 인간이 만들었다는 뜻으로 해석할 수 있어. 사람들은 주어진 정보를 가지고 상황을 분석하고 판단하며, 상황 판단 결과를 가지고 행동을 결정하는데, 인공지능은 사람이 인공으로 만든 지능이 이 행위의 전체나 일부를 대신할 수 있음을 의미하는 거지.

그리고 빅데이터는 3V, 즉 많은(Volume) 비정형의(Variety) 데이터를 빠르게(Velocity) 생성하는 것을 의미하는데, 인공지능과 빅데이터의 관계를 사다리의 두 다리로 비유할 수 있어. 하나의 다리라도 없으면 사다리가 무너지는 것처럼 인공지능과 빅데이터도 상호 호혜적인 관계라는 거지. 인공지능을 학습시켜 올바른 상황 분석과 판단, 결정을 내리게 하기 위해서는 빅데이터가 필요하고, 역으로 상황에 대한 빅데이터가 존재하더라도 이를 사람의 힘으로 정보화하기에 현실적으로 불가능하니까 인공지능의 힘을 빌려야 한다는 얘기야.

좋은 데이터를 만들어 내고 잘 보관하는 것은 인공지능에 있어 매우 중요해. "Garbage In, Garbage Out"이라는 말 들어봤어? 나쁜 데이터가 들어가면 나쁜 산출물이 나오니까, 좋은 데이터는 인공지능 애플리케이션 개발의 핵심이지.

그러면 왜 건축 전문가가 되고 싶은 사람들이 인공지능과 빅데이터를 이해해야 할까? 물론 일을 더 잘하고 싶어서야.

많은 건축 전문가들이 지금도 최선을 다해서 일을 하고 더 좋은 건축물을 설계하고 시공하기 위해 노력하고 있지만 여전히 어려움이 있단다. 건축 프로젝트의 50% 가량은 계획한 공사비나 일정을 맞추는데 실패하고 있다는 통계도 있어. 미국 건설산업연구소[40]에서 조사한 내용인데 제조업에서는 생산에 불필요한 일을 하는 시간의 비중이 12% 수준인데 반해 건설산업은 이 시간이 무려 57% 수준이라는 보고도 있어. 또 건축 전문가가 만든 설계 대안보다 비용도 적고 그러면서도 친환경적인 대안들을 컴퓨터가 척척 만들어낼 수 있지.

사실 이런 현실은 건축 프로젝트가 그만큼 복잡하고 어려운 미션이라는 걸 반증하는 거란다. 아무리 교육을 받고 경험이 많은 건축 전문가들도 고려할 것들이 너무 많고 시간도 촉박하다 보니 많은 의사결정에서 최선의 대안을 선택하지 못하는 거야.

원래 인간지능은 현향되기 쉽고 그래서 편향된 방향으로 정보를 만들어내고 판단한단다. 1999년 미국에서 이루어진 "보이지 않는 고릴라" 실험이 대표적이야. 이 실험에서 피실험자들은 75초 분량의 농구 영상을 보게 돼. 그러면서 흰 셔츠를 입은 사람들이 몇 번의 패스를 하는지 세도록 했지. 그런데 영상 중간에 검은 고릴라가 사람들 사이를 지나가. 심지어 춤까지 추면서 말이야. 신기하게 피실험자들 중 절반만이 그 고릴라를 보

40) Construction Industry Institute, CII

았다고 응답했단다.

인간이 받아들이는 정보가 하루에 14GB 정도의 용량이 된다고 하니 이걸 다 처리하는게 사실상 불가능하지 않겠니? 건축 프로젝트에서도 마찬가지인데 워낙 많은 데이터가 쏟아지다 보니 건축 전문가는 "전문성"을 활용해서 필요한 데이터만을 걸러서 특정 패턴대로 처리한단다. 바로 같은 분야의 선배들에게 배운 방식대로 말이야. 이 전문성이 바쁜 업무 처리 중에 의사결정을 빠르게 만드는 장점이 있지만 선입견을 심어주고 더 좋은 방향의 결정을 방해하게 만들기도 한단다.

그런데 오늘날 데이터는 더 쏟아지고 있지. 2018년에 나온 미국 시설물 유지관리협회의 보고서에 따르면 건설회사들에서 생산되는 96%의 데이터는 전혀 사용되지 않고 있다고 해. 또 다른 보고서에서는 건물에 설치되는 IoT 센서들의 수가 2030년이 되면 2025년의 두 배에 이를 거라고 하니 인공지능의 도움 없이는 정말 더 힘들어지겠다는 생각이 들지 않니?

그렇다면 미래의 건축 전문가는 인공지능을 활용해서 어떻게 일을 더 잘할 수 있을까? 인공으로 지능을 만드는 일은 컴퓨터과학에서 다루는 주제이지만, 만들어진 지능을 어디에 어떻게 활용할지는 건축 전문가의 영역이라는 걸 명심해야 해. 이 지능을 건설사업의 계획과 설계에 이용할 수도 있고, 시공에 이용할 수도 있고, 유지관리와 철거에 이용할 수도 있고, 재활용에도 이해할 수 있는 거란다.

그래서 인공지능은 다양하게 활용될 수 있는데, 예를 들어 설계 분야에서는 설계 대안을 자동 생성하겠다던가, 상세 도면을 자동으로 만들어 내겠다던가, 수익성과 타당성 분석을 빠르게 하겠다던가 하는 등이 있어. 시공 분야에서도 일정을 자동으로 생성하겠다던가, 토공계획 자동 수립하겠다던가, 작업자 안전을 모니터링하겠다던가, 계약서를 자동 검토하겠다던가 하는 식의 논의가 이루어지고 있단다.

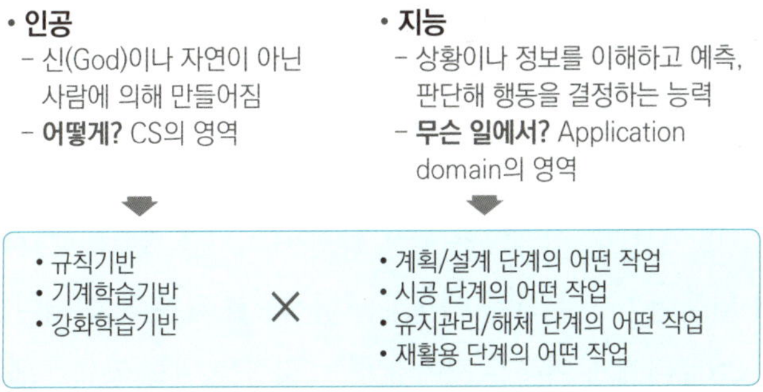

* 좁은 의미의 인공지능

인공지능은 크게 규칙 기반, 기계학습 기반, 그리고 강화학습 기반으로 구분할 수 있는데 각각 장단점이 있어서 돕고자 하는 일의 성격에 잘 맞는 것이 있고 그렇지 않은 것이 있어.

먼저, 규칙 기반 모델은 건축 전문가들의 전문성을 바탕으로 컴퓨터에게 이런 경우에는 이렇게 판단하고 저런 경우에는 저렇게 판단하라고 직접적으로 알려주는 거야. 이렇게 개발된 인공지능은 매우 간단해서 빠르게 작동해. 또 인공지능이 내놓은 결과가 맘에 들지 않으면 그 이유를 쉽게 찾고 고칠 수 있단다. 하지만 전문가들의 전문성을 바탕으로 개발되기 때문에 전문가 이상의 작업 성능을 내는 데에는 어려움이 있어. 예를 들어, CAD로 작성된 배관 도면을 3D 형태의 BIM으로 자동으로 생성해 줄 때 사용할 수 있고, 이때의 목적은 전문가가 하는 일을 더 빠르게 처리하는 거란다.

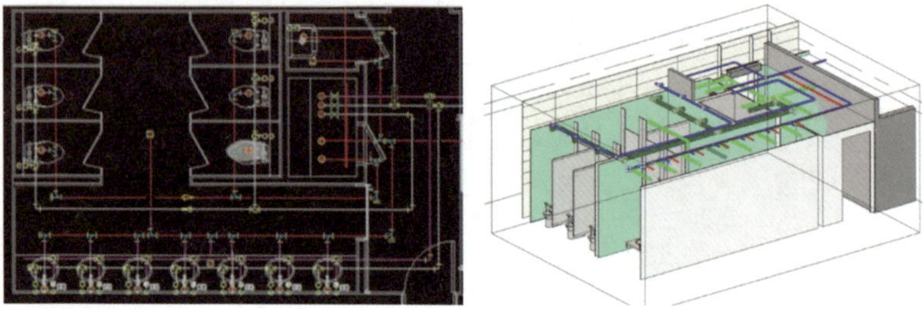

기계학습 기반 모델은 컴퓨터가 많은 양의 데이터를 학습함으로써 스스로 규칙을 만들어 내고 문제를 해결하는 방식으로 작동해. 그러니까 사람이 일일이 컴퓨터에게 이래라 저래라 하는 명령을 내릴 필요가 없어지는 거야. 데이터만 제공하면 스스로 규칙을 찾아서 판단을 내리는데, 그 결과가 전문가들이 만들어준 규칙으로 판단하는 것보다 좋은 경우들도 많아. 예를 들어, 건설현장의 장비와 자재를 사전에 학습하면 컴퓨터가 이것들을 인식하고 현장에서 어떤 일이 발생하고 있는지 모니터링이 가능하단다. 요즘 유행하는 LLM[41]도 방대한 양의 텍스트를 학습하는 형태로 작동하는 거란다. 하지만 학습에 사용하는 데이터의 양과 질이 매우 중요한데 건설산업에서는 이 양질의 데이터가 부족한 경우가 많아.

41) Large Language Model

마지막으로 강화학습 기반 모델은 가상의 학습환경을 만들어두고 컴퓨터는 게임하듯 여러 행동을 반복적으로 해보면서 데이터를 생성하고 그걸 바탕으로 또 학습도 하는 모델이야. 컴퓨터가 스스로 행동을 반복하면서 데이터를 모은다니 정말 멋지지 않니? 그리고 그 판단 결과도 전문가들 보다 나은 경우가 많아. 하지만 학습 자체를 가상의 학습환경에서 하다 보니 가상의 학습환경을 얼마나 현실적으로 만들어 주느냐가 실제 작동 성능에 큰 영향을 미친단다. 예를 들어, 강화학습을 통해 현장 작업자의 이동 경로를 만들어낼 수 있는데, 학습환경에서 현장 보행통로를 구현해두지 않으면 보행통로에 따른 작업자의 이동 경로 변화는 전혀 학습할 수 없는 것과 같아.

드론, 센서, 레이저 스캔

인공지능이 데이터를 바탕으로 인간처럼 판단하는 역할을 하는 거라면 드론과 센서, 레이저 스캔 기술은 인공지능을 위해 데이터를 생성하는 역할을 한단다. 인공지능은 뇌에 해당되고 드론과 센서, 레이저 스캔 기술은 눈과 귀, 코에 해당된다고 할 수 있지. 그러니까 인공지능이 정확한 상황 인식을 하려면 드론, 센서, 레이저 스캔과 같은 데이터 생성 기술이 꼭 필요하단다.

꼭 인공지능을 사용하지 않더라도 이런 기술은 널리 쓰이고 있단다. 지능이 꼭 인공으로 만들어진 지능만 있는게 아니잖아? 드라마 "나의 아저씨"를 보면 구조물 높은 곳에서 균열을 측정하려고 측정기를 들고 올라가다가 떨어질 뻔한 한 위험천만한 장면이 나오는데, 이제 이런 높은 곳을 드론으로 촬영하면 굳이 높은 곳에 올라가지 않더라도 균열을 검측할 수 있는 시대가 열린 거지.

먼저 드론부터 살펴볼까? 드론은 영어로 UAV(Unmanned Aerial Vehicle), 즉 무인항공기를 뜻한단다. 전 세계적으로 산업용 드론의 40% 이상은 건설 현장과 측량에 활용된다고 하니 건설산업과 잘 어울리는 장비라 할 수 있지. 건설산업에서 드론이 많이 쓰이는 이유는 드론이 사람이 쉽게 접근할 수 없는 높은 위치에서 촬영할 수 있다는 점과 단시간에 넓은 지역을 촬영할 수 있다는 점 때문이란다. 건축물은 고층 작업이 많고 또 규모가 크다 보니 드론의 이런 이점이 더욱 빛을 발하는 거지.

하지만 높은 곳에서 넓은 지역을 다루다 보니 정밀도는 다소 떨어질 수 밖에 없어. 그래서 현재 드론을 가장 효과적으로 활용하고 있는 분야에는 어느 정도 오차범위를 허용하는 공사 전 현황조사, 지장물[42] 조사, 공사 진도 확인, 토공량 산출 등이 있어.

하지만 드론 기술도 발전을 거듭하고 있어서 밀리미터 단위의 정밀한 측정 기술과 함께 협소 공간을 비행할 수 있는 소형화 기술 등이 개발되고 있단다. 사람의 혈관과 같은 곳을 다니면서 건강 상태를 측정해주는 나노로봇처럼 건축물의 덕트나 배관 같은 좁은 곳을 다니면서 건축물의 건강 상태를 측정해주는 드론들이 개발되고 사용될 수 있다는 얘기지.

드론의 기체 기술 뿐만 아니라 촬영한 영상 정보를 가공하고 활용하는 소프트웨어 기술도 함께 발전해야 된단다. 현장에서 위험을 자동으로 찾아준다던지, 반입되는 자재를 관리한다던지 하는 다양한 역할의 소프트웨어 기술이 개발될 수 있어. 이건 완전히 상상력과 인공지능 기술이 결합되는 영역이고 미래 건축 전문가가 꼭 필요한 영역이라 할 수 있지.

42) 사업 부지 내에 있는 건축물, 담장, 옹벽, 시설, 나무 등을 통칭하는 말

센서는 시간에 따른 측정 대상의 상태를 비트[43] 단위로 측정하는 장치를 말해. 즉 어떤 자극이나 신호를 전기 신호로 바꾸는 거야. 센서에 의해 전기 신호로 바뀌어진 자극은 데이터 형태로 컴퓨터로 전송될 수 있으니까 인공지능에 의해 활용될 수 있어. 예를 들어 온도 센서는 온도를 전기 신호로 바꾸고, 압력 센서는 압력을 전기 신호로 바꾸고, 가속도계 센서는 가속도를 전기 신호로 바꾸어서 컴퓨터에 저장하고 활용할 수 있게 해주는 거야.

건설산업에서 많이 쓰는 센서들은 구조물의 변형을 측정할 수 있는 스트레인 게이지와 변위 센서, 물체 사이의 거리를 잴 수 있는 초음파나 레이저 센서, 좁거나 막힌 곳에서 가스 누출을 감지할 수 있는 가스 센서, 구조물이나 물체의 흔들림을 측정할 수 있는 가속도 센서 등이 있어.

건설 현장의 안전을 지키기 위해 최근에 속속 도입되고 있는 스마트 안전 장비들도 센서 기술을 많이 활용하고 있단다. 스마트 밴드에는 근로자의 혈압, 맥박, 체온 등을 잴 수 있는 센서가 들어 있어서 근로자들의 건강 위험 신호를 미리 감지할 수 있어. 그리고 붕괴·변위 경보장치는 전도 위험이 있는 흙막이나 비계 등의 가시설물에 부착하는데, 변위 센서와 가속도 센서가 있어서 붕괴나 전도 위험을 미리 감지할 수 있지. 거리 측정 센서가 있는 충돌 협착 방지 장치는 굴삭기나 지게차 같은 건설장비에 부착해서 혹시 모를 근로자와의 충돌 협착 사고를 예방한단다. 그 외에도 유해가스 감지 장치, 화재 감지 장치, 개구부 개폐 알림 장치, 작업자용 에어백 조끼 등 다양한 안전 장비들이 센서들의 도움을 받아 작동된단다.

43) 컴퓨터에서 정보를 표현하는 가장 작은 단위로 0과 1의 값을 가짐

스마트 안전 장비 지원사업

스마트 안전 장비가 잘 활용되면 건설현장에서 발생하는 사고를 예방할 수 있음에도 불구하고 중소규모 건설현장에서는 안전관리가 취약한 경우가 많아. 그래서 국토안전관리원에서는 2021년부터 300억 미만의 중소규모 현장을 대상으로 스마트 안전 장비 지원사업을 운영 중에 있단다. 그리고 최근에는 50억 미만의 현장을 대상으로도 맞춤형으로 스마트 안전 장비를 지원하고 있어.

300억 미만 현장을 대상으로는 지능형 CCTV, 붕괴·변위 위험 경보기, 개구부 개폐 감지기, 스마트 풍속계, 스마트 양생 센서, 그리고 건설안전 소프트웨어를 현장 업무에 지원하고 있어. 그리고 50억 미만 현장에 대해서는 짧은 공기와 부족한 관리 인력을 고려해서 센서 기반의 장비인 스마트 에어백 조끼, 장비 협착 경보 장치, 위험구역 접근 알림 장치, 개구부 개폐 감지기를 중점적으로 지원하고 있단다.

스마트 안전 장비 기술 개발과 보급을 통해 우리나라 건설현장이 더욱 더 안전하게 되었으면 해.

또 하나의 중요한 센서 사용처는 구조물 안전성 모니터링[44] 분야란다. 이 기술은 지어지고 사용되는 구조물의 손상이나 성능 저하를 센서를 통해 실시간으로 감지하고 분석하는 기술이야. 손상이나 성능 저하는 부식이나 염해 같이 장기간에 걸쳐 일어나기도 하고 지진이나 태풍 같이 순식간에 일어나기도 해. 이때 발생하는 손상이나 성능 저하를 센서가 계속 모니터링하고 있다가 적시에 대응할 수 있도록 알려주는 거지. 사람이 계속 구조물에 가서 육안이나 기계로 손상 정도를 측정하는 것은 쉬운 일이 아니라서, 구조물 안전성 모니터링 기술은 유지관리 단계에서 구조물을 안전하게 사용할 수 있도록 하는 중요한 기술이야.

그런데 같은 역할을 하는 센서들도 측정 범위나 해상도, 정밀도 수준에 따라 종류와 가격이 천차만별이야. 작은 컴퓨터가 달려 있어서 데이터를 컴퓨터로 전송하기 전에 불필요한 데이터를 미리 한번 걸러주는 센서도 있단다. 데이터를 전송하는데 많은 전력을 소모하니까 이렇게 하면 전력 소모를 줄일 수 있는 거지.

그래서 미래 건축 전문가는 용도에 따라 효과적인 센서를 선정할 수 있는 안목을 길러야 해. 예를 들어 고속도로의 교통량을 측정하는 센서를 도로에 매립한다고 했을 때, 작동수명이 얼마 안되거나 고온의 고속도로 환경에서 견디지 못하는 센서를 설치한다면 효과적이라 할 수 없겠지?

마지막으로 레이저 스캔은 레이저를 활용해서 비접촉식, 비파괴식으로 건물이나 지형 등을 빠르게 스캔하는 기술이야. 발신기에서 레이저 광선

44) Structural Health Monitoring, SHM

을 쏜 다음 반사된 광선의 방향과 측정 거리를 이용해 대상물을 3차원 좌표에 여러 개의 점으로 표현하는 거란다. 이 점들이 구름 같다고 해서 포인트 클라우드(point cloud)라고 불러. 이 점들이 디지털 형태로 저장되니까 컴퓨터가 활용할 수 있는 데이터가 되는 거지.

레이저 스캔의 장점은 수동 측량보다 빠르고 정확하다는 거야. 그리고 현장에 가보지 않더라도 레이저 스캔 발신기만 설치되어 있으면 언제라도 반복적으로 스캔을 해 현장을 살펴볼 수 있지. 어두운 곳에서도 활용할 수 있어서 터널 안의 상황을 살펴볼 수도 있어.

그런데 포인트 클라우드는 컴퓨터가 볼 때는 그냥 여러 점들일 뿐이라서, 사람이 보아야 어떤 상황인지 인식할 수 있단다. 마치 CAD로 작성된 도면을 컴퓨터는 선이나 면으로 인식할 뿐인 것처럼 말이야. 하지만 최근에는 포인트 클라우드를 바로 BIM으로 전환하는 기술들도 속속 개발되고 있어.

지능형 장비와 로봇

지금까지 BIM을 통한 건축 정보의 디지털화와 센서 등을 통한 데이터 획득, 그리고 인공지능을 활용한 업무 자동화와 고도화에 대해 얘기했어. 그런데 물리적으로 건축물을 만드는 일은 여전히 필요하겠지? 누군가는 대지를 고르고 기초를 만들고 콘크리트를 타설하고 벽돌을 쌓아야 실제 건축물이 되는 거잖아.

실제 건축물을 만드는 것은 기능인력들의 몫이야. 그런데 건설 기능인력은 지속적으로 고령화되고 있고 수급이 불안정해지고 있어. 건설산업은 노무비가 전체 원가의 30~40%를 차지하는 산업이기 때문에 기능인력의 고령화와 부족은 건설산업의 경쟁력을 위협하는 요인으로 지적받고 있단다. 그래서 건설산업은 기능인력들이 보다 효율적이고 안전하게 작업할 수 있도록 장비를 고도화하는 데에도 노력을 기울이고 있단다. 특히 장비에 센서와 인공지능을 접목한 지능형 장비들이 속속 개발되고 있지.

그리고 기능인력의 부족 현상을 해결하기 위해 아예 무인화 장비와 건설로봇을 도입하기 위한 기술도 속속 개발 중이란다. 예를 들어 일본에서도 건설 숙련공의 수가 줄어들 것을 대비해 일찍부터 "i-Construction"이라는 정책을 발표하고 건설 장비를 자동화, 무인화하기 위한 노력을 기울이고 있단다. 우리나라 정부도 건설장비의 지능화와 건설 로봇에 관심을 기울이고 있고 이런 기술을 개발하는 민간 스타트업들도 속속 생겨나고 있으니 조금씩 기대를 해봐도 되지 않을까?

작업자의 일을 도와주는 지능형 장비 기술로 건설산업이 관심을 가지고 있는 대표적인 기술로 MGMC를 들 수가 있어. MGMC는 머신 가이던스(Machine Guidance, MG)와 머신 컨트롤(Machine Control, MC)이 합쳐진 말이란다.

우선 MG는 장비에 부착된 센서와 모니터, 그리고 인공지능 등을 통해 작업자를 가이드하는 시스템이야. 자동차 내비게이션 같은 걸 생각하면 된단다. 우리가 운전할 때 내비를 켜두더라도 운전은 직접 하잖아? 내비는 지금 어디인지, 어느 길로 가야 할지, 도착까지 얼마나 걸릴지 알려주는 역할을 하는 거고 말이야.

예를 들어 도로 공사나 주택 공사에서 몇 센티미터 수준의 정확도로 비탈면을 고르거나 도랑을 파는 작업을 한다고 하자. 그러려면 굴착기를 조종하는 작업자의 숙련도와 집중력이 필요할 거야. 그래서 작업자를 도와주기 위해 개발된 지능형 굴착기에는 각종 센서를 부착해서 굴착기 위치와 자세를 실시간으로 측정하고 이 정보를 작업자가 앉아있는 캐빈 안에 설치된 스크린에 보여줌으로써 작업자의 작업을 돕는 거지.

반면 MC는 장비에 부착된 센서와 인공지능으로 정확한 장비의 움직임을 판단하고 장비에 직접 명령을 내려 움직이게 하는 시스템이란다. 자동차의 반자율 주행장치 같은 걸 생각하면 차이를 알 수 있을 거야. 반자율이라는 이름에서도 느껴지듯이 MC는 사람의 운전 일 일부를 자동차가 직접 하는 거야.

굴착기의 예를 계속 들면 MC 기술이 적용된 굴착기에 작업 목표면의 위치와 기울기를 제공하면 굴착기가 알아서 붐대와 암, 버켓를 조화롭게 움직여 굴착 작업을 할 수 있단다. 또 굴착 중에 지하 매설물을 감지해서 작업자가 지하 매설물을 건드릴 위험이 있다고 판단하는 경우 굴착기의 움직임을 제한하기도 하지. 이런 지능형 굴착기는 기존 굴착기에 비해 작업 시간이 절반 정도로 줄어든다고 해.

MC 기술은 결국 반자동 내지 자동화로 가려는 움직임이라서 무인 굴착기 같은 경우는 아예 작업자가 앉는 캐빈이 없는 형태도 있단다. 2024년 CES 박람회에 전시된 무인 굴착기 모습인데 상당히 미래 지향적으로 생겼지?

MGMC 기술은 건설 작업의 정확도를 높이고 시간을 단축시킴으로써 작업 비용을 낮추는 데 기여할 수 있어. 그리고 작업자의 직관을 보조해서 안전과 관련된 다양한 정보를 제공하고 때로는 직접 개입함으로써 작업자와 건설 현장의 안전에도 도움을 준단다. 설명을 위해 굴착기의 예를 들었지만 건설산업은 굴착기 외에도 무인 크레인, 무인 불도저 등 다양한 지능형 건설 장비를 개발하기 위해 노력하고 있어.

지능형 장비에 비해 건설 로봇은 발전 속도가 상대적으로 더딘 것이 사실이야. "건설기계관리법"은 건설공사에서 사용할 수 있는 건설기계를 굴착기, 로더, 덤프트럭, 타워크레인 등 27가지로 규정하고 있는데 당장 건설 로봇은 근거 규정이 없어 관리해야 하는 건설기계에 속하지도 않고 있지.

또 "건설 현장에서 로봇이 쓰일 수 있으면 어디에서든 쓰일 수 있다"는 말을 할 정도로 로봇에게 있어 현장은 일하기 어려운 곳이란다. 건설 현장을 생각해 보면 통신망도 부족하고, 이동하는 데 방해되는 것들도 많고, 온습도도 일정하지 않고, 먼지도 많고 그렇잖아. 그리고 무엇보다 작업이 컨베이어 벨트와 같이 한 곳에서 일정한 규칙대로 이루어지지 않아. 여러 장소를 이동하면서, 때로는 상황에 맞춰 임기응변을 발휘해서 일해야 하지. 로봇에게는 참 일하기 싫은 직장이지 않겠니?

하지만 건설산업이 기능인력 수급 부족과 생산성, 안전성 이슈에 부딪히고 나서부터 반복 작업이나 위험한 작업을 인간 대신 수행할 수 있는 건설 로봇에 대한 관심이 크게 높아지고 있단다. 미국과 일본, 중국은 건설 로봇에 진심인 나라들이라 할 수 있는데 속속 건설 로봇들을 발표하고 있어. 우리나라도 대형 건설회사들을 중심으로 드릴링 로봇, 용접 로봇, 자재운반 로봇, 현장 모니터링 로봇 등이 다양하게 개발되고 테스트되고 있단다.

드릴링 로봇(좌)와 먹줄작업 로봇(우)

최근에는 사람처럼 두 발로 걷는 휴머노이드 로봇들도 많이 개발되고 있어서 발전 속도가 더욱 눈부신 분야야. 이러한 로봇들을 건축 현장에 적합하도록 학습해서 현장에 투입하고 관리하는 것, 미래 건축 전문가의 중요한 업무 중 하나가 될 거야.

또 하나 언급하고 싶은 기술은 엑소스켈레톤(Exoskeleton)이야. 우리말로 그대로 번역하면 외골격 혹은 외골격 수트인데, 의미적으로는 강화복이라 할 수 있어. 작업자가 입는 웨어러블 장비로 신체적 부담을 줄여서 부상을 방지하고 또 근육의 신호를 증폭시켜 더 큰 힘을 낼 수 있도록 하는 기술이란다. 원래 의료용으로 나왔지만 지금은 다양한 분야로 확산되고 있고 건설 작업자들의 피로를 줄여주고 강화된 작업 활동을 할 수 있도록 해줄 수 있는 기술이지.

로봇친화형 건축물

건설 현장에서는 아직까지 로봇을 찾아보기 어렵지만 이미 지어진 건축 공간에서는 다양한 서비스 로봇들이 많이 활용되고 있단다. 공항이나 병원에 가면 안내 로봇이나 청소 로봇, 방역 로봇들도 볼 수 있고, 배달 로봇들은 이제 일상에서 흔히 찾을 수 있어.

하지만 현재의 건축기준과 법령은 서비스 로봇들의 활동을 고려하지 않고 작성되었기 때문에 로봇이 제 기능을 못하는 경우들도 있고 때로 계단에서 굴러 떨어진다던가, 멈춰 선다던가 하는 일들이 발생하고 있단다.

그래서 건축 전문가들은 이제 서비스 로봇들도 건축물을 사용하는 사용자 집단에 포함시켜 계획과 설계, 유지관리를 할 필요가 생겼단다. 예를 들어 로봇의 이동동선을 계획하고 로봇의 주행을 방해하는 요소가 건축물에 없는지 미리 체크하고 설계에 반영해야 한다는 거야.

이런 건축물을 로봇친화형 건축물이라고 부른단다. 우리나라에서도 2023년 이러한 내용을 담아 “스마트+빌딩 활성화 로드맵”을 발표하고 로봇 친화성을 고려한 건축기준을 마련하기 위한 준비를 하고 있어.

스마트 건설이 바꾸는 건설산업

게임체인저(Game-Changer)라는 말 들어봤지? 게임체인저는 80년대 스포츠 경기에서 결정적인 플레이를 일컫는 용어로 사용되었어. 그러다가 최근에는 기존 시장에 엄청난 변화를 야기할 정도의 혁신적인 아이디어를 가진 사건이나 사람, 또는 제품을 뜻하는 말로 사용된단다. 한마디로 얘기하면 게임의 판세를 바꾸어 승리할 수 있는 기술이야.

그렇다면 현재 건설산업이 하는 게임은 어떨까? 건축 프로젝트의 여러 단계에 종사하는 많은 전문가들이 있고 막대한 비용이 투입되지만, 여전히 경험 중심으로 처리하는 업무들이 많단다. 생각해 보면 제조업과 다르게 프로젝트마다 설계도 처음 하고 시공도 처음 하는 경우가 많잖아? 매순간 프로토타입을 만드는 셈이라고 할 수 있지. 그래서 건축 전문가들은 늘 최선을 다하고 있지만, 노동력 중심의 산업 구조, 생산 위치가 계속해서 바뀌는 복잡한 야외 환경, 데이터의 취합과 가공의 어려움 등으로 지속적으로 어려움을 겪고 있단다.

건설산업의 어려움을 극복하기 위한 게임체인저가 지금까지 소개한 여러 기술들, 즉 센서와 AI, OSC, 지능형 장비와 로봇 등을 포함하는 스마트 건설 기술이라 할 수 있단다. 하고 있는 일을 하던 방식대로 그저 열심히 할 것이 아니라, 스마트 기술 개발은 건설산업의 발전에 꼭 필요한 요소라는 것을 명심해야 해!

아닌게 아니라 한 보고서에 따르면 디지털 기술 도입이 1%포인트 증가할 때마다 예산 내 프로젝트 완료 비율이 0.75% 이상 증가하고 공기 내 프로젝트 완료 비율도 0.5% 이상 증가한대.

한편 국토교통부에서는 2024년에 혁신성, 도전성, 산업 파급성을 갖춘 기술로 네 가지 게임체인저 기술을 발표한 바 있단다. 도심항공교통, 3차원 공간정보지도, 제조화 건설, 그리고 탄소저감 건설재료가 그 대상이야.

세계경제포럼[45]에서도 10가지 기술을 중심으로 한 건설산업 변화 방향을 제시하고 있는데 눈여겨 볼 필요가 있단다. 미래 건축 전문가라면 이런 기술 중 하나에는 전문성이 있어야겠지?

(1) 프리패브, 모듈러 공법을 활용한 건축물 생산
(2) 신소재를 개발하여 건축물 생산에 활용
(3) 3D 프린터를 활용한 건축물 생산
(4) 무인화 혹은 원격 장비를 통한 건축물 생산
(5) 증강현실 및 시각화 장비를 통한 사업관리
(6) 빅데이터와 예측적 분석 기술 활용
(7) IoT 기술을 통한 초연결
(8) 클라우드를 통한 협업 환경 제공
(9) 3D 스캐닝을 통한 현장 감독 및 진도 관리
(10) BIM을 통한 건축물 모델링 및 생산 관리

45) World Economic Forum

정리: 새로운 기술이 미래 건축에 어떤 영향을 미치더라?

다른 산업처럼 건설산업도 인공지능, IT 등 새로운 기술을 적용해서 스마트 건설로 진화하기 위해 노력하고 있단다. 건설산업은 현장생산, 노동집약적 산업, 일회성 수주산업이라는 전통적 특성 때문에 스마트 건설을 실현하는데 어려움을 겪고 있지만, 반대로 얘기하면 그만큼 신기술의 적용의 폭과 효과가 큰 산업이라고도 할 수 있어.

우선 BIM은 물리적 모형을 만드는 것과 매우 유사하게, 컴퓨터 상에서 먼저 모델을 만들고 이 모델을 여러 방향에서 바라보는 장면을 사진찍듯 도면을 만들어 낸단다. BIM으로 설계하면 컴퓨터가 건축 부재들의 형태와 특성, 자재 등을 스스로 인식할 수 있기 때문에 다른 컴퓨터 프로그램과 자연스럽게 연계해서 물량산출, 에너지 분석, 단열성능 등 다양한 분석을 쉽게 할 수 있어. 초기에는 새로운 기술에 대한 거부감으로 저항도 있었지만, 이제는 대부분의 대학교에서 수업을 개설하고 있을 정도로 건축 전문가에게 필수적인 기술이 되고 있어.

OSC는 건축물이 최종 설치되어 사용하는 장소가 아닌 다른 곳에서 더 안전하고 효율적으로 건축물을 생산하는 방식을 의미한단다. OSC는 외부 환경에 직접 접하는 현장 중심의 생산과 고소작업이 많은 건설산업의 특성 자체를 정면으로 거부하는 새로운 생산 방식이야. 그래서 건설산업이 안고 있는 생산성과 안전, 품질의 문제를 근본적으로 해결할 수 있는 중요한 기술이지. 아직까지 기술적으로 풀어야 하는 문제도 많지만 포기할 수 없는 이유가 바로 여기에 있단다.

인공지능과 빅데이터는 편향되기 쉽고 많은 데이터를 한번에 처리하기 어려운 인간의 한계를 극복해서 더 좋은 의사결정을 내리고자 하는 기술이야. 인공지능과 빅데이터 기술 자체는 건설산업의 영역이 아니지만 이 기술을 설계에서 시공, 유지관리, 해체까지 이어지는 건설 과정 속의 어떤 업무에 적용할지 결정하고 개발하는 것은 건축 전문가의 일이란다.

그리고 드론과 센서, 레이저 스캔과 같은 정보 수집과 관련된 기술들도 눈여겨 봐야 해. 모두 건설 현장에서도 많이 쓰이는 기술들이니까 미래 건축 전문가라면 그 원리나 현황 정도는 알고 있어야겠지? 요즘에는 건설 현장 안전을 위한 스마트 안전장비들도 많이 나오고 있는데 이 장비들 중 상당수가 센서 기술을 활용하고 있다는 점도 알아 둬.

또 건설산업은 기능인력들의 효율적이고 안전한 작업을 위해 장비를 고도화하는 데에도 노력을 기울이고 있단다. 센서와 인공지능을 접목한 지능형 장비들은 머신가이던스와 머신컨트롤 기술을 통해 더 빠르고 안전하고 정확하게 작업할 수 있도록 돕고 있어. 또 기능인력 수급 부족에 대비해서 건설 로봇 개발에 대한 관심도 최근에 매우 높아졌단다.

미래 건축은 사람들과 컴퓨터, 기계와 로봇이 조화롭게 각자의 일을 수행하는 지금보다 더 안전하고 효율적인 산업이 될 거야. 미래 건축 전문가라면 현재 실무에서 어떻게 일하는지도 파악해야 하지만 새로운 기술이 열어줄 가능성도 포기하지 않길 바래.

해외사례: 해외의 콘테크 회사들

콘테크(ConTech)는 건설을 뜻하는 영단어 Construction과 기술을 뜻하는 영단어 Technology을 합친 말이야. 그러니까 콘테크 회사는 건설 산업에 IT 기술을 결합해서 업무와 작업의 효율성을 높이는 기업들을 말해.

IT와 인공지능의 붐에 힘입어 콘테크 시장에 대한 투자는 계속 증가하고 있고, 유니콘 기업[46]들도 등장하고 있단다. 건설 부문의 기술 투자 금액은 2017년에서 19년까지의 270억 달러에서 2020년에서 22년까지의 500억 달러로 무려 85%가 증가되었다는 보고서도 있어.

해외의 콘테크 회사들 몇몇만 소개시켜 줄게. 첫 번째 회사는 프로코어(Procore)야. 프로코어는 클라우드 기반으로 건설 현장 프로젝트 정보를 통합 관리하도록 돕는 회사란다. 건설산업은 건설 현장의 많은 문서를 저장하기 위해 PMIS[47]라는 걸 운용하고 있는데, 보통 단순히 도면과 문서를 저장, 공유하는 용도로 사용이 되었어. 프로코어는 그 이면에 있는 데이터의 중요성을 일찍부터 알아본 회사야. 건축 프로젝트 전 단계에서 다양한 참여자에 의해 생산되는 데이터를 통합 관리하고 일정, 비용, 품질, 안전 관리에 활용할 수 있도록 했단다.

업테이크(Uptake)라는 회사는 센서를 활용해 건설과 운송 산업에서 쓰

46) 기업 가치가 10억 달러 이상인 비상장 스타트업
47) Project Management Information System

이는 기계와 장비의 데이터를 분석해서 보수 시점, 부품 교체 시기, 오류 발생을 예측하는 장비 관리 플랫폼을 제공하는 회사란다. 건설산업도 점차 노동력에 의존하는 구조에서 기계와 장비에 의존하는 구조로 변화될 거고, 그러면 이런 회사의 기업 가치는 더욱 높아질 수 있어.

한때 콘테크 붐을 일으키는 데 일조했던 카테라(Katerra)도 언급을 하지 않을 수 없어. 카테라는 OSC 방식으로 건축물을 공급함으로써 건축 프로젝트의 기간을 최소화하는데 앞장섰던 회사란다. 창업한지 불과 3년 만에 유니콘 기업으로 등극해서 화제가 된 바 있지. 무리한 확장과 사업 실패로 지금은 사라진 기업이지만 하고자 하는 방향 자체는 틀리지 않았다고 봐.

그 밖에도 AI를 활용해 일정을 최적화하는 앨리스 테크놀로지(Alice Technologies), 설계도면을 쉽게 공유하도록 하는 플랜그리드(Plan-Grid)[48], VR 기술을 활용해 건설 현장을 캡쳐하는 오픈스페이스(Open-Space) 등 다양한 분야의 콘테크 회사들이 있단다.

48) 지금은 오토데스크사에 통합되었음

제 6 장

건축 전문가의 커리어는 어떻게 관리하나?

건축설계, 실내건축설계, 건축구조설계, 건축설비설계, 건축공사감리, 건축시공 업무를 수행하기 위해서는 어떤 지식과 기술이 필요할까? 우리가 커리어를 쌓고 건축 전문가로 성장하기 위해 어떤 역량이 필요한지 생각해 보자. 그리고 직무 간 어떻게 경력을 이동할 수 있는지도 알아 보자.

6

SECTION

건축 분야별 역량체계 및 관련 용어

지금까지 살펴본 것처럼 건설산업은 관련법을 기반으로 단계별 절차와 다양한 업무들이 하나로 구성되어 진행되면서 아름다운 건축물을 만들어 내는 소중하고 가치 있는 일이야. 그리고 그 중심에는 건축설계자, 건축구조기술자, 건축시공기술자, 건설사업관리자 등 다양한 직업들이 있다는 것도 알게 되었지.

그렇다면 우리가 어떤 노력을 해야 설계, 구조, 시공 등 각 분야별 전문가로 성장할 수 있을까? 산업 분야별로 현장에서 통용되는 업무를 표준화하고 업무 수행에 필요한 능력을 구조화한 것을 "산업별 역량체계(Sectoral Qualifications Framework, SQF)"라고 해.

즉 각 업무를 수행하기 위해서는 어떤 능력이 요구되는지를 표준화해 놓은 것이니까 우리가 어떻게 능력 개발을 해서 전문가로 성장할 수 있는지를 알 수 있는 토대가 되는 거지. 우리나라는 전통적으로 개인이 취득한 학위(학력)를 통해 개인의 능력을 평가했지만 SQF는 학위 외에 다른 역량 인정 방안을 제공해주기도 한단다.

SQF에서 "직무"는 업무수행에 필요한 지식 및 기술을 기반으로 해당 업무를 수행하는 것을 의미하는데 건축설계, 구조설계, 설비설계, 건축공사감리, 시공 등의 직무가 있어. 또, 직무 특성에 따라 타 직무로의 수평 이동 및 타 직무의 타 수준으로의 이동도 가능하단다.

그리고 직무를 위한 업무 수행에 필요한 지식 및 기술의 난이도에 따라 1단계(해당 분야에 대한 단순 지식만 갖춘 가장 낮은 지식 수준)에서 8단계(해당 분야에 대한 최고의 전문지식과 타 분야에 대한 융합적 지식)까지의 수준이 있고, 수준에 맞는 일의 단위인 수준별 직무가 있단다.

NCS(국가직무능력표준)

NCS(국가직무능력표준, National Competency Standards)는 산업 현장의 직무를 수행하기 위해 필요한 능력(지식, 기술, 태도)을 국가적 차원에서 표준화 한 것을 의미해.

기업에서 NCS를 활용하게 되면 어떤 점이 좋을까?

- 채용분야: NCS 직무기술서를 바탕으로 지원자의 역량을 평가할 수 있는 채용 프로세스 설계 및 도구(채용공고/서류/필기/면접) 개발을 통한 직무 중심의 인재를 채용
- 재직자훈련(교육): 직급별로 요구되는 직무 중심의 교육 훈련 이수 체계를 기반을 두어 체계적인 교육·훈련 시스템 마련
- 배치·승진: NCS 사내 경력개발 경로를 개발하여 인재에 대한 회사의 기대와 근로자의 역량 간 불일치 해소 가능
- 임금: 연공급 중심의 임금체계를 직무급 체계로 전환함으로써 근로자의 직무 역량과 능력에 따라 적정 임금 지급 가능

더 자세한 내용은 NCS 국가직무능력표준 웹사이트(https://www.ncs.go.kr)에서 확인할 수 있단다.

건축설계 분야 필요 지식 및 기술

건축설계는 사용자의 요구 및 기능에 맞는 창의적 건축물을 만들기 위하여 건축계획 및 조형에 대한 지식과 기술을 기반으로 계약, 조사, 분석, 검토, 기획, 계획, 설계, 도서작성, 운영관리를 수행하는 직무야. 건축설계 직무를 수행하기 위해서는 2수준에서 8수준까지의 다양한 수준별 직무 능력을 갖추고 있어야 해.

2수준은 조사 및 재료, 설비를 검토할 수 있는 수준으로 업무 지시를 받아서 절차화되고 일상적인 설계 업무를 수행할 수 있는 능력을 의미하고 있어.

3수준은 설계도서 작성을 할 수 있는 능력으로 기초적인 이론 및 일반지식을 이용하여 다소 복잡한 과업을 수행할 수 있는 능력을 의미해.

4수준은 건축설계에 대해 분석·검토할 수 있는 수준으로 건축설계 분야의 이론 및 지식을 제한적으로 활용하여 과업을 관리하는 능력을 의미해.

5수준은 평면, 입면, 단면 계획 및 조경, 경관 설계를 할 수 있는 수준으로 복잡하고 비일상적인 과업을 수행하며 타인에게 해당 분야의 지식을 전달하고 관리할 수 있는 능력을 의미해.

6수준은 BIM을 활용하고 협력업체와의 설계를 업무를 수행할 수 있는 수준으로 숙련된 경험을 통해 다양한 과업을 수행하며 타인에게 해당 분야의 지식과 노하우를 전달하고 관리할 수 있는 능력을 의미해.

7수준은 기획 및 프레젠테이션 업무를 수행할 수 있는 수준으로 고도로 숙련된 설계 업무를 수행하며 사업 타당성을 검토하여 업무처리를 수행하고 조직의 과업을 관리할 수 있는 능력을 의미해.

8수준은 건축설계 계약 및 운영관리를 할 수 있는 수준으로 새로운 설계 방안을 수립할 수 있으며 새로운 전략적 해결 방안을 제시하고 계약과 조직의 과업을 운영·관리할 수 있는 능력을 의미해.

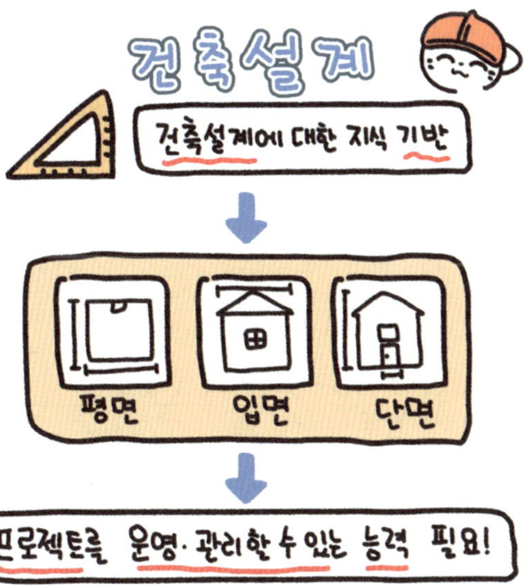

수준	능력단위	지식	기술
8	건축설계 계약 및 운영관리	• 건축설계회사에 적합한 경영에 관한 지식 • 계약관련 기본법 및 관련 법규에 관한 지식 • 국내외 건축시장의 트렌드를 파악할 수 있는 지식 • 계획부터 용역준공까지 일정관리 지식 • 계획예산과 실행예산의 편성 지식	• 건축주 요구를 파악할 수 있는 능력 • 계약 내용을 실행할 수 있는지 판단할 수 있는 능력 • 계약내용을 건축주와 협의하여 조정할 수 있는 능력 • 단계별 작업을 고려한 공정간 연관관계 검토기술 • 상호 의사소통 능력
7	기획 및 프레젠테이션	• 건축 기획, 설계에서 완공까지의 건설 프로세스에 대한 지식 • 건축계획에 관련된 지식 • 건축공사비와 LCC에 대한 지식 • 건축물 용도에 따른 필요 공간에 관한 지식 • 건축물의 성능 및 외장 디자인에 대한 지식 • 건축시공 공사비와 공사기간에 대한 지식 • 표현기법에 대한 지식 • 프레젠테이션 발표기법 지식	• 개념 모형 제작 능력 • 개념이 설계목표와 원칙에 부합 여부 판단 능력 • 건축주 요구와 대지 여건에 맞는 설계목표를 수립하는 능력 • 건축주와의 회의를 이끌 수 있는 의사소통 능력 • 대지조사 및 분석 통한 아이디어 도출 능력 • 사례조사 및 분석 통한 아이디어 도출 능력 • Model 및 Panel 제작 기술 • 표현 내용 구성 및 편집 기술
6	BIM 및 관계사 협력설계	• BIM 데이터 관리 지식 • BIM 매뉴얼 작성 지식 • BIM 운영 소프트웨어, 하드웨어 관련 지식 • 각 분야 업무분장에 대한 지식 • 건축물을 이용한 시뮬레이션의 지식 • 건축주의 정보와 요구사항 검토 지식	• 네트워크, 데이터베이스 관리 기술 • 개방형 BIM 활용 기술 • BIM 연계 소프트웨어 활용 기술 • 데이터에서 정보 활용 기술 및 정보 분석 기술 • 건축주가 원하는 요구와 건축물에 부합하는 조건을 이끌어 낼 수 있는 기술
5	평면·입면·단면계획 및 조경·경관 설계	• 3차원 공간지각과 조형구성 지식 • 건축 관련법 및 소방 관련법에 대한 지식 • 건축 자재의 특성과 활용에 대한 지식 • 건축계획각론, 건축 재료학, 색채학, 도면작성법에 대한 지식 • 공간조형 구성방법에 대한 지식 • 구조 계획 기준과 관련법에 대한 지식 • 건축경관환경에 대한 전반적인 지식	• 3차원 공간지각과 조형구성 기술 • 기반시설의 연계와 활용을 위한 배치 설계 기술 • 3차원 공간지각과 동선 처리 기술 • 설비, 소방, 환경 설계 협력 분야의 협의 조정 기술 • 3차원 공간지각과 조형구성 기술 • 건축 구조계획서 작성 기술 • 구조 계산서 이해 기술 • 기반시설의 연계와 활용을 위한 설계 기술
4	건축설계 분석 검토	• 건축 및 유관법규에 대한 지식 • 녹색인증, 무장애, 에너지효율등급, 범죄예방환경 인증 등에 대한 지식 • 심의 및 승인, 건축허가 등 인허가 절차에 대한 지식	• 건축 관련 법규 분석 및 체크리스트 작성에 관한 기술 • 인허가 관련 체크리스트 작성에 관한 기술 • 자료를 통한 공사비 단가 분석 기술 • 지질조사 및 각종 영향평가 보고서 이해 기술
3	설계도서 작성	• 건축물 내·외장재 재료에 대한 기본 지식 • 공사공정에 대한 기본 지식 • 구조, 설비, 전기, 소방 각 시스템에 대한 지식 • BIM 라이브러리 구성 지식	• 관련 법규 요구사항을 도면상에 표현할 수 있는 능력 • 구조계산서 이해 능력 • 기본 공간 구성 능력 • BIM 모델에 속성정보를 작성하는 기술
2	조사 및 재료·설비 검토	• 건축설계 프로세스에 대한 기초적인 지식 • 경사, 일조, 바람, 경관 등 환경조사 방법에 대한 지식 • 대지 관련 기초 서류조사에 대한 지식 • 내·외장 재료별 특성에 관한 지식	• 건축규모 산정을 위한 기초적인 법규 활용에 관한 기술 • 대지 모형제작 및 다이어그램 작성 능력 • 대지 조사에 필요한 장비를 활용할 수 있는 기술 • 구조재료별 특성을 이해하고 공간계획에 활용하는 능력

실내건축설계 분야 필요 지식 및 기술

실내건축설계는 건축물의 실내 공간에서 기능적, 미적 내용을 포함한 공간 사용자의 요구를 수용하기 위해 현장 분석자료 및 전문지식을 바탕으로 설계 도구를 사용해 설계 도서를 작성하는 직무야. 실내건축 직무를 수행하기 위해서는 2수준에서 8수준까지의 다양한 수준별 직무 능력을 갖추고 업무를 수행하게 된단다.

2수준은 자료를 조사하고 분석할 수 있는 수준으로 실내건축설계 분야에 대한 제한적인 기초지식을 갖추고 실내공간 관계 법령 및 재료, 마감에 대한 조사 등의 업무를 수행할 수 있는 능력을 의미하고 있어.

3수준은 계획설계 및 시각화 작업을 할 수 있는 수준으로 실내건축설계에 대한 포괄적인 지식을 갖추고 있어야 해. 또 설계사에서 작성한 기본설계 도서를 기초로 실내건축 시공에 필요한 설계도면 및 3D도면 등 업무를 수행할 수 있어야 해.

4수준은 기본설계 및 상세 도서를 검토할 수 있는 수준으로 실내건축설계 분야에 대한 제한적인 전문지식을 갖추고 실내건축 시공에 필요한 도서를 작성할 수 있는 능력을 의미해.

5수준은 실시설계 및 협력사와 도서를 검토할 수 있는 수준으로 실내건축설계 분야에 대한 포괄적인 전문지식을 갖추고, 통합적 공간계획을 수립하고 세부도면 작성 및 협력설계 도면 등을 관리할 수 있는 능력을 의미한단다.

6수준은 실시설계 및 협력사를 관리할 수 있는 수준으로 실내건축설계 분야에 대한 심화 지식을 갖추고 공간 콘셉트를 설정하며 동선 및 조닝 등 실내공간을 계획해. 그리고 실시설계에 대한 계획을 수립하고 협력설계 분야에 대한 지식을 기반으로 협력설계사를 관리할 수 있는 능력을 의미해.

7수준은 업무 기획 및 마케팅 업무를 수행할 수 있는 수준으로 실내건축설계 분야에 대한 고도의 전문지식을 갖추고 프로젝트에 대한 전반적인 내용을 파악 검토할 수 있어. 또한 발주자의 요구사항에 부합하는 설계개념을 도출하여 공간 프로그램을 작성하고, 사업 타당성을 검토하여 계약과 제반여건을 관리할 수 있는 능력이 필요해.

8수준은 프로젝트 운영·관리 업무를 수행할 수 있는 수준으로 실내건축설계 분야에 대한 최고의 전문지식을 갖추고 활용하여 최적의 설계방안을 수립할 수 있는 능력이 필요해. 그리고 업무 전반에 대한 권한과 책임감을 가지고 전체 프로젝트를 관리할 수 있는 능력이 요구된단다.

수준	능력단위	지식	기술
8	프로젝트 운영·관리	• 실내건축설계회사에 적합한 조직관리 지식 • 사회적 요구를 파악하여 반영할 수 있는 인력관리 지식 • 소요되는 인력과 조직역량을 판단할 수 있는 지식 • 프로젝트 수행 방식에 관한 지식 • 프로젝트 공정순서(프로세스)에 관한 지식	• 인력관리 프로그램 운용 • 교육 및 훈련 프로그램 편성 능력 • 작업 단위별 소요기간 및 인원산정 능력 • 일정계획에 의한 적정일정 및 인력 편성 검토 기술 • 단계별 업무 해석 및 조정 기술
7	업무 기획 및 마케팅	• 실내건축 조형 원리와 디자인 이론에 관한 지식 • 디자인 방법론 • 실내건축 각론에 관한 기술 지식 • 사업성 검토 및 사업계획 수립 기술 • 사업계획서 작성 기술 • 사업타당성을 검토하는 능력 • 계약 내용을 이행할 수 있는지를 판단하는 능력 • 건축주 입장에서 객관적 판단을 가지고 분석하는 능력	• 개념 정립과 논리적인 전개 능력 • 객관적·합리적 문제해결 능력 • 조사·분석 자료를 활용한 창의력 • 건축주에 대한 사전정보 판단능력 • 홍보프로그램 작성 및 수행 기술 • 커뮤니케이션 능력 • 사용주(건축주) 요구 파악 능력 • 사업계획서 작성 기술
6	실시설계 및 협력사 관리	• 실내건축 설계 프로세스에 대한 지식 • 공간별 설계기준에 관한 지식 • 조명 기구·시공에 대한 지식 • 실내디자인 조명 배치 및 연출 방법에 대한 지식 • 가구 재질·제작·시공에 대한 지식 • 기계·전기·통신·소방 설비에 대한 지식	• 객관적이고 합리적인 문제 해결 능력 • 분석 자료를 활용한 창의적 표현 능력 • 조명설계도서와 조명 기구 리스트 작성능력 • 조명의 규격과 적용 방법·물량 산출 능력 • 가구의 규격과 적용 방법·물량 산출 능력 • 협력설계 종류 파악 능력
5	실시설계 및 협력사 검토	• 설계진행 프로세스에 관한 지식 • 다양한 표현방법에 관한 지식 • 프레젠테이션 및 커뮤니케이션 방법 • 계약대상자 요구사항의 이해와 적용 방법 • 연관된 협력설계 영역의 내용에 대한 기본적인 지식 • 설계도면 작성 기준 및 표준 데이터에 대한 지식 • 소방·전기·설비 등 관련 분야에 대한 지식	• 설계도서의 이해 및 분석 검토 능력 • 상황에 따른 위기대처 능력 • 협력설계 성과물의 검토와 보고서작성 기술 • 관련 컴퓨터 응용프로그램 활용 기술 • 분야별 협력설계 간의 의사소통 능력 • 설계도면을 통한 의사전달 능력 • 마감재료, 설비 및 법규 등에 대한 이해 능력 • 다양한 컴퓨터 프로그램의 숙련된 활용 능력
4	기본설계 및 상세도서 검토	• 부재와 마감 재료 규격 및 가공 방법에 대한 지식 • 공간기하학 및 형태학에 관한 지식 • 마감 재료의 종류·특성·규격에 대한 지식 • 수량산출·일위대가·단가조사·원가계산에 관한 지식 • 세부 공정과 공종별 시공방법에 대한 지식	• 기본설계도면 작성을 통한 시공자와의 의사소통 능력 • 시공방법에 대한 기술 개발 및 적용 능력 • 설비·구조·마감 재료의 가공 및 시공 이해 능력 • 내역서 작성 대상의 수량 분석 능력 • 실행공정표 작성을 위한 공사실행계획 파악 능력
3	계획 설계 및 시각화 작업	• 설계도면, 색체, 마감 재료에 관한 지식 • 보고서 작성을 위한 시각 디자인에 관한 지식 • 계획 설계도면 작성 기준과 표준 데이터에 관한 지식	• 투시도 작성 능력 • 3D 프로그램 활용 능력 • 설비·구조·마감 재료의 가공 및 시공 이해 능력
2	자료 조사 분석	• 건축도서 해석 지식 및 실내공간 분석 방법 지식 • 실내 마감 재료 지식	• 현장답사에 근거한 관련 자료 조사·분석 능력 • 실내디자인 마감계획 도면화 기술

건축구조설계 분야 필요 지식 및 기술

건축구조설계는 건축물의 안전을 위하여 구조계획 및 역학에 대한 지식·기술을 가지고 건축구조에 관한 사항을 종합적으로 검토하여 설계하고 도서를 작성하는 직무야. 건축구조설계 업무를 수행하기 위해서는 4수준에서 8수준까지의 다양한 수준별 직무업무 능력을 갖추어야 된단다.

구조 분야는 안전이 중요하기 때문에 타 분야처럼 2수준에서 시작할 수 있는 것이 아니라 최소 4수준 정도가 되어야 건축구조설계 업무를 수행할 수 있어.

4수준은 자료조사 및 도서 작성을 하는 수준으로 구조계획 및 역학에 대한 지식·기술을 기반으로 건축구조설계 분야의 일반적인 과업(자료조사, 도서작성)을 수행할 수 있는 능력을 의미한단다.

5수준은 도서검토 및 부재설계를 할 수 있는 수준으로 구조계획 및 역학에 대한 지식·기술을 기반으로 건축구조설계 분야의 정적해석 및 일반적인 설계(3D모델링, 철근콘크리트구조설계, 강구조설계)을 수행할 수 있는 능력을 의미한단다.

6수준은 부재해석 및 설계를 검토할 수 있는 수준으로 구조계획 및 역학에 대한 지식·기술을 기반으로 건축구조설계 분야의 정적·동적해석 및 종합적인 설계(3D모델링, 구조설계)을 수행하며 해석결과 및 설계의 적정성을 판단할 수 있는 능력을 의미해.

7수준은 구조계획 및 종합검토 할 수 있는 수준으로 구조계획 및 역학에 대한 지식·기술을 기반으로 건축구조설계 분야의 기술적인 계획(하중검토, 구조시스템계획, 구조계획, 경제성 검토)을 수립하며 타인의 결과에 대해 의무와 책임이 요구되는 능력을 의미해.

8수준은 프로젝트 총괄 수준으로 구조계획 및 역학에 대한 지식·기술을 기반으로 건축구조설계 분야의 종합적인 계획(구조시스템계획, 경제성 검토, 사업성 검토, 인력운영계획)을 수립하며 업무 전반에 대해 권한과 책임이 필요한 업무를 수행할 수 있는 능력을 의미해.

수준	능력단위	지식	기술
8	프로젝트 총괄	• 건축물에 대한 특징과 구조적인 미적요구 사항에 관한 지식 • 제안 설명서의 용역 내용과 범위에 대한 정확한 지식 • 인력 및 장비의 현황에 대한 지식 • 작업공정에 대한 지식 • 예산편성 및 회계에 관한 지식 • 건축재료(구조재료와 마감재료)의 단위중량에 관한 지식 • 풍하중·지진하중 산정에 대한 지식 • 구조형식별 공자제작의 경제성에 대한 지식 • 공정·품질·안전·환경관리에 대한 기초 및 전문지식 • 구조공법 관련 지식	• 설계도서 분석 능력 • 계약내용과 범위를 정확히 표현하는 능력 • 작업량 산출을 위한 수리력 • 업무 추진 전략 수립 능력 • 비용계획의 변경 예상 및 수정 능력 • 하중의 분포 및 분담면적에 대한 산정 기술 • 건축물의 형태 및 지형에 따른 풍압계수 적용 기술 • 지반조건에 따른 지진하중계수 적용 기술 • 기타하중 및 데이터 분석능력 • 구조형식별 내구성에 대한 기초 및 전문기술 • 구조공법의 적합여부 판단 능력
7	구조계획 및 종합검토	• 건축물에 대한 특징과 구조적인 미적요구 사항에 관한 지식 • 건축재료(구조재료와 마감재료)의 단위중량에 관한 지식 • 풍하중·지진하중산정에 대한 지식 • 하중조합기준 지식 • 구조형식별 자재 제작의 경제성에 대한 지식 • 공정·품질·안전·환경관리에 대한 기초 및 전문지식 • 구조공법 관련 지식 • 구조시스템별 특징을 분석·구조형식 지식	• 설계도서 분석 능력 • 하중의 분포 및 분담면적에 대한 산정기술 • 건축물의 형태 및 지형에 따른 풍압계수 적용 기술 • 지반조건에 따른 지진하중계수 적용 기술 • 구조형식별 내구성에 대한 기초 및 전문기술 • 현장여건에 적합한 기계화 시공 기술 • 구조공법의 적합여부 판단 능력 • 구조 도서를 정확히 판독할 수 있는 분석능력 • 구조형식별 특징을 분석 · 적용하는 전문기술
6	부재해석 및 설계 검토	• 건축구조설계에 대한 전반적인 지식 • 건축구조설계 기준에 대한 전반적인 지식 • 지반조사서 확인 및 분석능력, 구조안전규정 지식 • 건축재료(구조재료와 마감재료)의 단위중량에 관한 지식 • 풍하중·지진하중산정에 대한 지식 • 하중조합기준 지식 • 구조해석프로그램의 사용 지식 • 구조해석프로그램의 종류·매뉴얼을 분석할 수 있는 지식	• 건축구조설계 관련 기준에 대한 해석 능력 • 설계도서 파악 능력 • 굴착심도 및 지하수높이에 따른 구조설계 기술 • 하중의 분포 및 분담면적에 대한 산정기술 • 건축물의 형태 및 지형에 따른 풍압계수 적용 기술 • 지반조건에 따른 지진하중계수 적용 기술 • 구조해석 및 계산프로그램 활용 능력 • 구조 도서를 정확히 판독할 수 있는 분석능력
5	도서검토 및 부재설계	• 구조해석프로그램의 사용 지식 • 구조해석프로그램의 종류·매뉴얼을 분석할 수 있는 지식 • 구조계산서 작성 지식 • 각 부재별 구조 배근도 작성 지식 • 구조역학 지식 • 구조형식별 장단점에 대한 지식 • 구조시스템별 특징을 분석 및 구조형식에 관한 지식	• 구조해석 및 계산프로그램 활용 능력 • 구조계산서 도면화 기술 • 구조상세도에 따라 철근배근을 할 수 있는 기술 • 수직·수평하중 전단경로에 대한 기술 • 구조부재의 단면특성에 대한 기술 • 구조형식별 특징을 분석 · 적용하는 전문기술 • 정확한 계산을 할 수 있는 기술
4	자료조사 및 도서작성	• 구조계산서 작성 지식 • 각 부재별 구조 배근도 작성 지식 • 건축구조기준에 대한 지식 • 건축구조 해석 및 부재설계에 대한 지식 • 철근 배근 상세에 대한 지식 • 강구조 접합 및 이음에 대한 지식	• 구조계산서 도면화 기술 • 구조상세도에 따라 철근배근을 할 수 있는 기술 • 프로그램을 통한 적정한 크기를 부여하는 기술 • 정확한 계산을 할 수 있는 기술 • 건축구조 해석 및 부재설계에 대한 능력 • 부재의 강축과 약축을 구분하는 능력

건축설비설계 분야 필요 지식 및 기술

건축설비설계는 건물용도에 따른 쾌적하고 에너지 절약적이며 안전한 실내 환경 조성을 위한 최적의 설비시스템을 구성하기 위하여 기본계획 수립 및 부하계산을 통해 열원설비 선정 등 설계업무 수행을 통하여 설계도서를 작성하고 검토 업무 등을 수행하는 직무야. 건축설비설계를 수행하기 위해서는 3수준부터 8수준까지의 다양한 수준별 직무업무 능력을 갖추고 있어야 한단다.

3수준은 기초 설계도서를 작성하는 수준으로 건축설비설계 담당 분야의 기초적인 이론 및 일반지식을 사용하여 다소 복잡한 과업을 수행하는 수준의 업무를 수행할 수 있는 능력을 의미해. 설비적산 업무가 중요한데 적산이란 공조, 열원, 환기, 위생 설비 등의 내역서 검토를 통하여 공사원가를 산출하는 능력을 말하고 있어.

4수준은 설계도서를 작성하는 수준으로 건축설비설계 담당 분야의 이론 및 지식을 제한적으로 활용하여 복잡하고 다양한 과업을 수행하는 수준의 업무를 수행할 수 있는 능력을 의미한단다. 수행 능력에는 환기설비 설계와 위생설비 설계 업무 능력이 있어. 환기설비 설계는 설계조건 검토, 필요환기량 계산, 환기시스템 구성요소결정, 환기방식의 결정, 환기설비 설계 검토를 통하여 실내환경의 쾌적성에 적합하도록 설계하는 능력을 의미해.

5수준은 설계도서 작성 및 검토할 수 있는 수준으로 건축설비설계 담당 분야의 이론 및 지식을 활용하여 복잡하고 전문적인 과업을 수행하며 타인에게 해당 분야의 지식을 전달할 수 있는 수준의 업무를 관리할 수 있는 능력을 의미해. 중요한 역량 중 하나는 설비시스템 검토인데 이는 공기조화시스템, 열원시스템, 환기시스템, 급배수시스템, 자동제어시스템, 설비시스템 공간계획 및 설비자재의 검토를 통해 실내환경의 쾌적성에 적합하도록 시스템을 결정하는 능력을 의미한단다.

6수준은 협력 설계 및 업무관리를 할 수 있는 수준으로 건축설비설계 담당 분야에 대한 이론 및 지식을 자유롭게 활용하고, 숙련된 경험을 통해 다양한 과업을 수행하며 타인에게 해당 분야의 지식과 노하우를 전달할 수 있는 수준의 업무를 수행할 수 있는 능력을 의미해.

7수준은 분야별 설계를 책임질 수 있는 수준으로 건축설비설계 담당 분야에 대한 전문적인 지식을 갖추고 활용하여 고도로 숙련된 설계업무를 수행하며 타인의 결과에 대해 의무와 책임이 필요한 수준의 업무를 관리할 수 있는 능력을 의미한단다.

8수준은 설계 프로젝트 총괄할 수 있는 수준으로 건축설비설계 전체 분야에 대한 최고도의 지식을 갖추고 활용하여 최적의 설계방안을 수립할 수 있으며, 최고도로 숙련된 기술업무를 수행하며 업무 전반에 대한 권한과 책임이 부여된 수준의 업무를 관리할 수 있는 능력을 의미하고 있어.

수준	능력단위	지식	기술
8	설계 프로젝트 총괄	• 건물의 용도, 기후, 기반시설, 건축주 요구사항 등에 대한 지식 • 관련 법규에 대한 지식 • 용도별 기계설비 계획을 위한 공기조화설비, 환기설비, 위생설비, 자동제어시스템에 대한 지식 • 설비의 내진설계, 소음, 진동, 덕트와 배관에 대한 지식 • 신재생에너지에 대한 지식 • 시스템 사업성 평가를 위한 인증제도, 원가 산정 방식에 대한 지식	• 건물용도에 따른 설비도입 종류 이해 능력 • 건축주 요구사항의 기술적 평가 능력 • 해당 법규의 적용 능력과 위법성 판단 능력 • 각 설비 시스템별 적용 능력과 분석 능력 • 내진설계 적용 능력, 소음과 진동 저감 적용 능력 • 덕트와 배관의 설계 적용 능력 • 신재생에너지의 기술적 평가 능력 • 인증제도 적용 및 기술 제안 능력 • 원가산출 능력 및 원가의 비교 분석 능력
7	분야별 설계 책임	• 전산유체 해석하기 위한 열전달, 유체유동, 공조시스템, 실내 쾌적성 평가지표에 대한 지식 • 에너지소비량 해석하기 위한 열전달, 건물의 형상 및 구조체의 열성능, 열원설비 및 공조시스템, 에너지소비 흐름 및 요소별 에너지소비 요소에 대한 지식 • 설계설명서 작성하기 위한 공조설비, 열원설비, 환기설비, 위생설비, 자동제어설비 등에 대한 지식 • 설비용량계산서 작성하기 위한 전산 프로그램, 각종 기기 용량을 산정하는 방법, 계산서 작성 등에 대한 지식 • 설계도면 작성하기 위한 장비, 덕트·배관, 자동제어에 대한 전반적인 지식	• 전산유체 시뮬레이션 경계조건 적용기술 능력 • 온도 및 기류 분포에 대한 해석기술 능력 • 건물 구조체의 열성능 해석 기술 능력 • 열원설비 및 공기조화시스템의 열성능 해석 기술 능력 • 수치해석 및 기하학적 형상을 통한 도면작성 기술 능력 • 공기조화설비, 열원설비, 환기설비, 위생설비, 자동제어설비 등에 관한 설명서 작성기술 능력 • 공조설비, 냉온열원장치, 환기설비, 위생설비에 대한 분석과 용량 산정기술 능력 • 자동제어설비에 대한 분석기술 능력 • 도면작성 프로그램을 이용하는 기술 능력
6	협력설계 및 업무관리	• 태양열 에너지시스템 검토를 위한 태양열, 태양광 및 축열조에 대한 지식 • 지열에너지시스템 검토를 위한 지열, 축열조에 대한 지식 • 공조설비 제어시스템 설계하기 위한 자동제어 회로이론, 공조방식, 공기조화기기의 제어에 관한 지식	• 태양열 열원을 열원설비에 적용하는 기술 능력 • 냉난방장치와 급탕장치를 열원설비에 적용하는 설계 기술 능력 • 설비의 제어성을 검증하는 기술 능력 • 자동제어시스템 구성기술과 제어기기에 대한 자료 분석기술 능력
5	설계도서 작성 및 검토	• 냉난방 방식의 종류별 특성에 대한 지식 • 에너지수급 검토를 위한 전기, 가스에너지에 대한 지식 • 설계조건을 검토하기 위한 공기조화설비 설계에 대한 전반적인 지식 • 열원설비 설계 검토를 위한 열원시스템, 팬-덕트시스템, 펌프, 배관 등에 대한 지식	• 건물의 용도 및 존 별 공기조화 방식 적용에 대한 기술 능력 • 전기, 가스, 석유에너지 이용 열원설비의 적용 시 에너지 사용량 평가기술 능력 • 공기조화설비 설계 개요 파악 및 분석 능력 • 펌프-배관계통을 분석하여 결정하는 기술 능력
4	설계도서 작성	• 설계조건 검토하기 위한 공기유동, 환기설비, 오염공기, 필요환기량 산정에 대한 지식 • 급수시스템 설계하기 위한 유체유동 및 유체기계, 상수도 직결방식, 고가탱크방식, 압력 탱크방식, 펌프직송방식, 음용수 오염방지에 대한 지식	• 환기설비 설계 개요 파악 및 분석능력 • 오염공기 파악과 필요환기량 산정 계산능력 • 급수량 산출, 배관내의 압력조절 기술 능력 • 급수가압펌프를 설계하는 기술 능력 • 압력탱크를 설계하는 기술 능력
3	기초 설계 도서 작성	• 설계예산서 작성하기 위한 적산프로그램, 설비공사비 비율, 개략 공사비에 대한 지식 • 도면해석능력, 물량산출 및 적산능력에 대한 지식	• 공조, 열원, 환기, 위생, 자동제어 설비의 개략공사비 산정 기술 능력 • 열원설비, 공조설비, 환기설비용 장비와 재료비의 산출과 노무비를 계산하는 기술 능력

건축공사감리 분야 필요 지식 및 기술

건설사업관리 분야는 필요 지식 및 기술에 대한 부분이 개발되지 않았기 때문에 건축공사감리 분야로 한정해서 소개를 하도록 할게.

건축공사감리는 관계 법령에 따라 당해 공사의 설계도서와 관계 서류의 내용대로 시공되는지 여부를 확인하고 품질관리, 공사관리, 안전관리, 환경관리, 민원관리 등에 대하여 지도하고 관리 감독하는 직무야.

건축공사감리 업무도 건축구조설계분야처럼 전문성이 요구되는 관리 및 감독 업무를 수행해야 하기 때문에 설계와 시공에 대한 전반적인 지식이 기반이 되어야 하는 업무로서 4수준부터 8수준까지의 다양한 수준별 직무업무 능력을 갖추고 업무를 수행하게 된단다.

4수준은 문서 및 행정관리를 하는 수준으로 공사감리 담당 분야의 이론 및 지식을 제한적으로 활용하여 복잡하고 다양한 과업을 수행할 수 있는 능력을 의미해.

5수준은 안전·환경·민원관리 업무를 할 수 있는 수준으로 공사감리 담당 분야의 이론 및 지식을 활용하여 복잡하고 비일상적인 과업을 수행하며 타인에게 해당 분야의 지식을 전달하고 관리할 수 있는 능력을 의미한단다.

6수준은 설계도서 및 품질관리 업무를 수행 할 수 있는 수준으로 공사감리 담당 분야에 대한 이론 및 지식을 자유롭게 활용하고, 숙련된 경험을 통해 다양한 과업을 수행하며 타인에게 해당 분야의 지식과 노하우를 전달하고 관리할 수 있는 능력을 의미해.

7수준은 공사비 관리 및 사용승인관리 업무를 수행할 수 있는 수준으로 공사감리 담당 분야에 대한 전문적인 지식을 갖추고 활용하여 고도로 숙련된 감리업무를 수행하며 타인의 과업을 관리할 수 있는 능력을 의미해.

8수준은 공사착공 및 공정관리 업무를 수행할 수 있는 수준으로 공사감리 전체 분야에 대한 최고도의 지식을 갖추고 활용하여 효과적인 감리업무 계획을 수립할 수 있으며, 최고도로 숙련된 기술업무를 수행하여 공사착공과 공정을 관리업무를 수행할 수 있는 능력을 의미한단다.

수준	능력단위	지식	기술
8	공사착공 및 공정관리	• 건축감리 프로세스에 관한 지식 • 건축시공 프로세스에 관한 지식 • 계약서 이해 및 분석에 관한 지식 • 공사예정 공정표 검토·분석·대응방안 수립에 관한 지식 • 공사기간 산정 방법에 관한 지식 • 공사기간 연장에 수반하는 공사비용 증가 요인 분석 • 공사비 내역 분류체계에 관한 지식	• 각종 지하매설물의 공사저해 유무 검토 능력 • 감리 기술 및 검토 능력 • 감리업무수행계획서 작성 능력 • 계약조건 관련 법규에 대한 검토 능력 • 사업계획승인 조건 검토 능력 • 인·허가 필요 공종 검토 능력 • 공기단축을 위한 자재·공법 선정 검토 능력
7	공사비 관리 및 사용 승인관리	• 계약금액의 단가 적용 지식 • 계약서 중 공사비관련 항목의 검토 지식 • 계약서의 설계변경 조건 사전 검토 지식 • 공정표와 공사비를 연결시킬 수 있는 지식 • 건축행정정보시스템 사용 방법에 관한 지식 • 설계도면 및 시방서 검토 지식	• 건축적산프로그램 및 BIM 등 에서 수량을 추출하여 내역 확인 및 작업하는 능력 • 건축주에 대한 공사 진행 상황 설명 능력 • 계약문서 중 공사비 내용 확인 능력 • 공사 기성고를 검토할 수 있는 능력 • 감리업무 자료를 보관하고 검토하는 능력
6	설계도서 및 품질관리	• 설계도면 분석에 관한 지식 • 건축 재료·적산·설비에 관한 지식 • 상세시공도면 작성 절차에 관한 지식 • 비구조 요소 및 건물외구조물에 대한내진설계 확인 절차 • 구조 적합성과 구조안전의 확인 절차와 관련한 지식 • 건설공법의 종류와 절차에 관한 지식	• 도면 및 시방서 검토 능력 • 일위대가 산정 능력 • 도면과 내역서의 물량 비교 분석 능력 • 설계프로그램 활용 능력 (CAD, BIM) • 구조적합성과 구조안전의 도서(건축비구조요소의 설치상세도, 건축설비의 설치상세도) 확인 능력 • 공정 상호간섭 사항에 대한 조정 능력
5	안전·환경· 민원관리	• 작업 위험요인 특성에 관한 지식 • 안전관리 계획서 작성에 관한 지식 • 공종별 단계별 작업자 위험요인에 대한 특성에 관한 지식 • 건설현장 위험요인에 대한 특성에 관한 지식 • 응급상황 시 대처 방법에 관한 지식 • 산업안전보건법에 대한 지식 • 환경위해요인에 대한 판별 및 저감 지식 • 환경관리계획서 관련 법령 관련 지식 • 소음·분진 발생작업 내용과 특성에 관한 지식 • 소음발생 장비 특성에 관한 지식 • 노동법 및 산업안전보건법 지식	• 안전관리 계획서 평가 기술 능력 • 작업자의 위험요인 파악 능력 • 효율적인 안전점검회의(TBM: Tool Box Meeting) 실시 능력 • 비상상황 발생 인지 능력 • 비상상황 발생 시 대처 및 조치계획 수립 능력 • 환경관리계획서 검토·분석 능력 • 환경관리계획서 관련 법령 해석 능력 • 민원인의 불편사항 등 민원의 원인을 파악하는 능력 • 이해 당사 간에 상반되는 의견 조정 능력 • 근로자와 하도급관련 민원사례 수집 능력 • 이해 당사 간에 상반되는 의견 조정 능력
4	문서 및 행정관리	• 문서 접수·발송 절차·보존기간에 관한 지식 • 회의자료 안건 작성 관련 사전 지식 • 업무조정 사전협의 안건 및 사유 관련 사전지식 • 감리자의 직무 절차 및 과업에 관한 지식 • 주요 공사기록 관리에 관한 지식 • 소요자재 샘플 및 공사 중 채취 시료 보관·관리에 관한 지식	• 관련 자료 보고서 활용 능력 • 의사전달·문서화·자료화 능력 • 회의 준비, 진행, 주요 안건 파악 능력 • 회의록 구분 및 작성 능력 • 공사추진 현황 분석 및 검토 능력 • 잔여공사예측 분석능력 • 공종별·단계별 사진촬영과 검토기술 및 보관 능력

건축시공 분야 필요 지식 및 기술

건축시공은 설계도서에 따라 착공에서부터 준공까지 시공 업무를 수행하고 현장을 관리·감독하는 직무를 말하고 있어. 건축시공 수준은 4수준부터 8수준까지의 다양한 수준별 직무업무 능력을 갖추고 현장 업무를 수행하게 된단다.

4수준은 공정별 시공계획에 따라 자재를 준비하고 일반적인 시공 업무를 수행할 수 있는 능력을 의미해. 시공 업무를 수행하기 위해서는 설계도서를 검토하여 기초 및 벽체공사의 시공 공법을 고려한 공정표를 검토하여 공종별 인력, 장비, 자재의 투입 계획을 수립하는 능력이 필요하단다.

5수준은 포괄적인 권한 내에서 전문 이론 및 지식을 사용하여 일상적이지 않은 문제를 해결하며 타 공종과의 협업과 시공계획을 수립 등을 수행하는 능력을 의미해. 건축시공에서 중요한 철근콘크리트 공사를 수행하게 될 때 설계도서 및 내역검토, 공정표 및 시공계획서 작성, 품질. 안전, 환경관리를 계획할 수 있는 능력이 필요해.

6수준은 독립적인 권한 내에서 전문 이론 및 지식을 자유롭게 활용하여 예측 불가능한 문제들을 해결할 수 있는 능력을 의미해.

7수준은 건축시공 분야에 대한 전문적인 지식을 갖추고 활용하여 고도로 숙련된 시공 업무를 수행하며 타인의 과업을 관리할 수 있는 능력을 의미해.

8수준은 건축시공 전체 분야에 대한 최고도의 지식을 갖추고 활용하여 효과적인 시공계획을 수립할 수 있으며, 최고도로 숙련된 기술 업무를 수행하여 전체 공사관리 업무를 수행할 수 있으며 대외적인 업무를 수행할 수 있는 능력을 의미한단다.

수준	능력단위	지식	기술
8	전체 프로젝트 관리 및 대외업무	• 발주자의 요구사항 및 계약서를 검토하여 프로젝트 관리계획 수립 지식 • 발주자 및 이해관계자와의 협상에 대한 지식 • 프로젝트 관리 지식	• 설계도서 분석 능력 • 계약내용과 범위를 정확히 표현하는 능력 • 설득 및 협상에 대한 능력 • 업무 추진 전략 수립 능력
7	타인의 과업을 관리	• 수행능력을 검토하고, 일정 관리 및 인력관리를 통하여 비용 관리 지식 • 작업 공정에 대한 지식 • 공정·품질·안전·환경관리에 대한 전문지식	• 작업량 산출을 위한 수리력 • 업무 추진 전략 수립 능력 • 현장여건에 적합한 기계화 시공 기술
6	예측 불가능한 문제 해결	• 마감 및 간섭사항 파악 방법 • 설계도서 해석 지식 • 시공관리 지식 • 철근콘크리트 구조 지식 • 철근콘크리트 재료 특성에 대한 지식	• 건설재료 활용 능력 • 건축적산 능력 • 공사비 분석 능력 • 도면해석 능력 • 마감 및 간섭사항 파악 능력
5	타공종과 협업 및 시공계획 수립	• 가시설에 대한 품질시험 및 검사 항목에 대한 지식 • 건축적산 지식 • 구조역학에 대한 지식 • 국가건설기준에 의한 콘크리트공사 표준시방서(KCS)에 대한 지식 • 대기환경보전법에 대한 지식 • 사고사례에 대한 지식 • 산업안전보건기준에 관한 규칙 • 설계도서 해석 지식 • 설계도면 및 시공 상세도에 대한 지식 • 시공 및 재료에 대한 품질관리 기준 및 판별 지식 • 시공관리 지식	• 가시설 구조 파악 기술 • 공사비 분석 능력 • 공정표 작성 기술 • 거푸집 구조 해석 능력 • 근로자의 안전보건장비 착용 기술 • 도면작성 프로그램 및 전산활용 능력 • 소음저감 기술 • 안전시설물 설치 기술 • 공정별 주요 안전 기술 확인 능력 • 적산 능력 • 철근콘크리트 작업의 전체 과정에 대한 파악 능력
4	일반적인 시공업무	• 설계도서에 대한 이해 • 공정별 인력·자재·장비 투입에 대한 이해 • 공정별 자재의 종류 및 규격에 대한 이해 • 자재 조달에 대한 지식 • 각종 공구의 안전수칙에 대한 지식 • 공사의 특성 및 품질에 대한 이해 • 사용자재의 특성에 대한 지식	• 설계도서에 의한 부재 파악 능력 • 공법에 따라 인력과 장비의 효율적인 분배 계산 능력 • 공정에 따른 인력 투입량 계산 능력 • 공정 및 직종별 자재 투입량 계산, 자재 선별 및 관리 능력 • 공사특성에 적합한 시공방법 판단 기술 • 연관공정 이해능력

설계, 시공 분야 직무 간 경력이동체계

건축설계 분야는 2수준에서부터 시작하여 8수준까지의 전문가로 성장할 수 있어. 건축설계분야는 2수준부터 각 수준별 실내건축설계분야로 수평이동이 가능하고 5수준에서는 건축공사감리업무로 수평 이동이 가능해. 건축공사감리 직무는 설계와 시공 업무를 기반으로 건축공사 과정에서 지도, 관리업무를 수행하기 때문에 설계 직무를 수행했던 기술인들이 건축공사감리 직무로 많이 이동하고 있단다.

실내건축설계 분야도 건축설계 분야처럼 2수준에서부터 시작하여 8수준까지의 전문가로 성장할 수 있어. 또한 2수준부터 각 수준별 건축설계분야로 수평이동이 가능해. 실내건축설계 분야와 건축설계 분야는 서로 간에 유사한 점이 많이 있기 때문에 경력이동이 가능하단다.

그런데 건축설계 직무는 건축공사감리 직무로 수평 이동이 많이 일어나지만 실내건축 직무는 건축공사감리 직무로 이동이 많지는 않아. 실내건축 분야는 건축물 실내를 위주로 업무가 수행되기 때문에 건축물을 짓는데 관여하는 건축공사감리 업무와는 다소 차이가 있기 때문일 거야.

건축구조나 설비 설계 분야는 8수준까지 다양한 수준의 전문가로 성장할 수 있어. 하지만 건축설계와 실내건축설계 분야처럼 다른 직무로 이동하는 경우가 많지는 않고, 대부분 그 직무에서 지속적으로 업무를 수행하는 경우가 더 많단다.

건축공사감리 분야도 4수준에서부터 8수준까지의 전문가로 성장할 수 있어. 하지만 건축설계나 실내건축설계 분야로 이동하기보다는 건축공사감리 업무에서 전문가로 성장하는 경우가 많단다.

건축시공 분야도 건축공사감리 분야처럼 4수준부터 8수준까지의 전문가로 성장할 수 있으며 건축공사감리 분야로 수평 이동이 가능하단다.

수준/직무	실내건축 설계	건축 설계	건축공사 감리	건축시공
8	프로젝트 운영관리	계약 및 운영관리 →	공사착공, 공정관리	← 전체 프로젝트 관리 및 대외업무
7	기획설계 및 마케팅	기획, 프레젠테이션 →	공사비, 사용승인관리	← 타인의 과업을 관리
6	계획 설계 및 협력사 관리	BIM, 관계사 협력설계 →	설계도서 및 품질관리	← 예측 불가능한 문제 해결
5	기본설계 및 협력사 도서 검토	평면·입면·단면계획 및 조경·경관 설계 →	안전 및 환경, 민원관리	← 타공종과 협업 및 시공계획 수립
4	실시설계 및 상세도서 검토 ↔	건축설계 분석 검토	문서,행정관리	← 일반적인 시공업무
3	실시설계 및 시각화작업 ↔	설계도서 작성		
2	자료 조사 분석 ↔	조사 및 재료, 설비검토		
1				

정리: 건축 전문가의 커리어는 어떻게 관리하더라?

우리는 건축설계, 건축구조설계, 건축설비설계, 건축공사감리, 건축시공 분야에 대한 필요 지식 및 기술과 직무 간 경력이동체계에 대해서 살펴보았어. 이를 통해서 각 분야별 직무를 수행하게 될 때 어느 수준의 레벨까지 성장하기 위해서는 어떤 역량을 보유해야 하고 이를 기반으로 어떻게 타 분야로 이동할 수 있을지에 대해 생각해 보았단다.

이러한 체계를 "산업별 역량체계(SQF)"라고 해. SQF를 기반으로 각 직무를 수행할 때 어떤 능력이 요구되는지를 알 수 있으니 개인 능력의 개발과 전문가로 성장할 수 있는 방향성을 잡기가 쉬워졌지.

건축설계 분야에서 필요한 지식과 기술은 건축계획 및 조형에 대한 지식과 기술을 기반으로 기획, 설계. 운영 관리 하는 업무야. 실내건축 분야에서 필요한 지식과 기술은 현장 분석자료 및 전문지식을 기반으로 실내건축 도서를 작성하는 업무란다. 둘 다 각각 2수준에서 8수준까지의 수준으로 구분할 수 있는데, 건축설계 분야와 실내건축설계 분야 간에는 경력이동이 자유로운 편이고 건축설계 분야에서는 건축공사감리 분야로 수평이동도 많이 일어 난단다.

건축구조설계 분야에서 필요한 지식과 기술은 건축구조에 관한 사항을 종합적으로 검토하여 설계하고 도서를 작성하는 업무야.

건축설비설계 분야는 건물 용도에 따른 쾌적하고 에너지 절약적이며 안전한 실내 환경 조성을 위한 설비설계 도서를 작성하고 검토 업무 등을 수행하는 직무란다.

이 두 분야는 직무 시작 수준이 높고 다른 직무로 이동하는 경우가 드물어. 대부분 그 직무에서 꾸준히 커리어를 개발한단다.

건축시공은 설계도서에 따라 착공에서부터 준공까지 시공 업무를 수행하고 현장을 관리·감독하는 직무를 말하고 있어. 그리고 건축공사감리 분야는 공사관리 및 안전관리 등 현장에서 관리, 감독하는 업무란다. 4수준부터 8수준까지의 다양한 수준별 직무업무 능력을 갖추고 시공 단계에서의 업무를 수행하게 된단다. 그리고 건축시공 분야는 건축공사감리 분야로 수평 이동이 많이 일어나.

참고로 최근 현업에서는 AI 발달, 에너지 수요 증가 등의 영향으로 전문가 수요가 산업 섹터별로 세분화되고 있어. 예를 들면 데이터센터 전문가, 해상풍력 전문가, 원자력발전소 전문가 등 보다 다양한 섹터별 전문가들을 필요로 하고 있단다.

해외사례: 싱가포르의 Skills Frameworks

싱가포르의 Skills Frameworks는 우리나라 NCS, SQF와 유사한 구조로 구축되어 있으며 주요 산업 부문의 직무 정보를 상세하게 제공하고 있어. 총 36개 직무 분야 중에 건설(건축) 관련 분야는 2개 분야가 해당되는데, 하나는 엔지니어링 서비스(Engineering Services)이고 다른 하나는 건축(Built Environment)이란다.

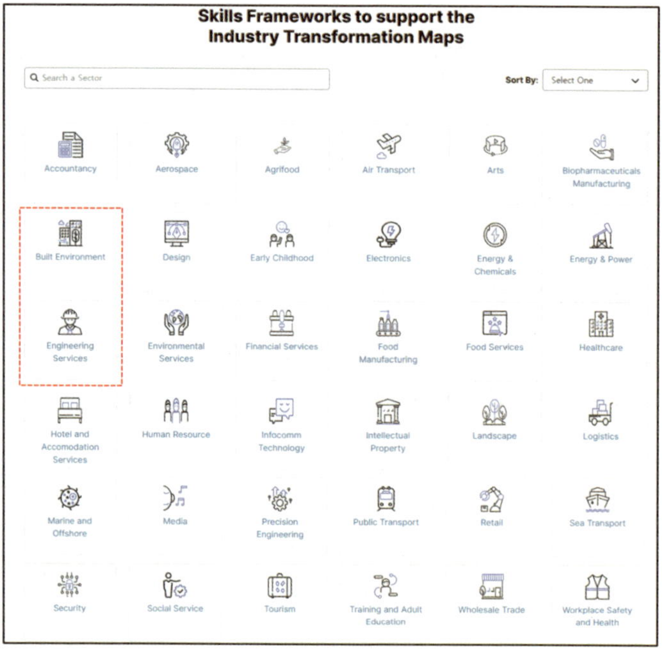

특히 2015년부터 시작된 Skills Future는 개인과 기업 주도의 기술 향상 및 재교육 노력을 주도하고 급변하는 경제에 대비한 인력 양성을 목표로 사업을 진행하고 있단다. 특히 중견 근로자들이 커리어에 필요한 기술을

지속적으로 개발하고 기업의 인력 개발 역할을 강화할 수 있도록 투자를 확대하고 있어.

그러니까 Skills Future 운동은 싱가포르 국민들이 미래에 대비한 기술을 개발하고 만족스러운 커리어를 구축할 수 있도록 지원하고, 이를 통해 개인과 기업의 번영을 도모하고자 하는 거란다. 그리고 이를 통해 정부, 개인, 고용주, 노조, 업계 파트너 간의 강력한 동반 관계를 강화하고자 하는 거야.

또한 Workforce Singapore(WSG) 커리어 커넥트 서비스는 진로 계획 및 구직활동 지원을 위한 진로상담 서비스를 제공하고 있단다. 구직자의 고용 상황 및 진로 목표를 상담을 통해 확인하고 효과적인 구직 전략 및 진로를 구체화하기 위한 관련 자료도 제공하고 있어.

그리고 관련분야의 워크숍을 추천하고 추가 지원이 필요한 경우 커리어 코치를 연결해서 구직자에 적합한 직업을 연결하기 위한 다양한 노력을 수행하고 있단다.

제 7 장

미래 건축 전문가로 성장하려면 어떻게 해야 하나?

미래 건축 전문가가 되어 건설산업을 이끌고 혁신해 보자. 그러려면 어떻게 해야 할까? 미래 건축 전문가가 되기 위한 대학교 생활과 이후의 생활, 그리고 미리 이 길을 가본 선배들의 조언까지! 알차게 준비했으니 한번 생각해 보길 바래.

7

SECTION

전문가로 성장해야 하는 이유와 의미

건축 전문가란 건축 분야에 상당한 지식과 경험을 가진 사람을 뜻한단다. 건축은 계획이나 설계, 시공, 유지관리와 해체를 포함하는 넓은 분야이므로 다양한 세부 분야의 건축 전문가가 될 수 있겠지. 건축이 인류의 역사와 함께 했다는 것을 생각하면 건축 전문가는 성직자, 변호사, 의사와 같이 가장 오래된 전문직업 중 하나일 거야.

건축 프로젝트는 긴 시간에 걸쳐 막대한 비용과 많은 사람들이 투입되기 때문에 각 분야 전문가의 역량에 따라 결과가 매우 크게 달라질 수 있단다. 또, 긴 시간에 걸쳐 진행되기 때문에 중간에 예상치도 못한 일이 발생할 수 있고, 건축 전문가들은 이런 일들에 지혜롭게 대처해 나가야 해. 2020년경 코로나19가 유행할 줄 누가 알 수 있었겠어? 하지만 그때 한창 진행 중이던 많은 건축 프로젝트는 크게 영향을 받았던 것처럼 말이야.

전문가에게는 또한 강한 윤리성이 요구되기도 해. 건축 프로젝트에 참여함에 있어 발주자의 요구를 만족시키고 발주자의 꿈을 실현시키는 것도 중요하지만, 사용자와 사회 커뮤니티에도 윤리적 책무를 다 해야 한단다. 2023년 인천 검단신도시 아파트 신축 현장에서 지하주차장이 붕괴되는 사고가 있었어. 다행히 인명 피해는 없었지만 설계와 시공, 자재, 감리 모든 부분에서 문제가 겹치면서 발생한 참 속상한 사고란다. 각자의 역할에서 높은 전문성과 강한 윤리성을 가지고 업무를 수행했다면 이런 일이 발생하지 않았겠지?

전문성에 대해서는 조금 더 깊이 생각해 볼 필요가 있어. 대학교에서 건축을 배우고 취업을 해서 실무에 뛰어들게 되면 먼저 현업에서 일하고 있는 선배 전문가들을 만나 업무를 배우게 돼. 그리고 그 선배 전문가들도 신입일 때가 있었고 또 누군가에게 일을 배웠겠지? 이렇게 현업에서 일하면서 먼저 경험한 사람들에게서 배우기도 하고 직접 경험하고 시행착오를 겪으면서 전문성이 키워지는 것이 일반적이란다.

하지만 이런 도제 방식의 전문성 향상의 한계점은 바로 선배 전문가들의 전문성을 넘어서기 어렵다는 거란다. 누군가에게서 어떤 업무는 이런 방식으로 처리하는 거라고 배웠으니 그렇게 할 것이고, 또 나보다 늦게 입사하는 누군가에게 이렇게 일을 하는 것이 전문가다운 것이라고 가르치는 거지.

그러면 자칫 더 나은 방법에 대한 탐구를 멈추고 타성에 젖기 쉽단다. 산업 전반의 발전이 없으니 내 월급도 선배 전문가를 넘어서기 어렵고 말이지. TV를 예로 들어 보면 예전보다 해상도는 계속 좋아지고 화면도 깨끗해지잖아? 동시에 화면 크기는 커지고 두께는 얇아지고 말이야. 그런데 가격은 예전에 비해 큰 차이가 나지 않아. 65인치 LCD TV 패널 가격은

2016년 400달러였는데 2021년에는 250달러 수준으로 떨어졌어.

하지만 건축 프로젝트의 견적, 즉 가격을 산정하는 방식은 예전 유사한 사례에서 발생한 비용에 물가 상승률을 계상하는 방식이야. 이게 무슨 의미이겠니? 예전 유사한 프로젝트에서 했던 방식 그대로 이번에도 짓겠다는 거잖아. 이렇게 해서는 건설산업 전반의 발전도 없고, 이 산업에서 종사하는 우리들 월급도 예전에 비해 물가 상승률 정도만 더 받을 수 밖에 없는 거야.

여기에서 "생산성"에 대한 얘기를 조금 할게. 생산성이란 일정 시간 동안 투입 단위에 대한 산출물의 비율로 어떤 시스템의 효율 측정 지표란다. 효율 측정의 대상이 되는 시스템은 개인이 될 수도, 팀이나 회사가 될 수도, 국가가 될 수도, 특정 산업이 될 수도 있어.

만약 어떤 공장에서 200kg의 재료를 가지고 100kg의 제품을 만들었다면 이 공장의 재료 생산성은 200분의 100, 그러니까 0.5라 할 수 있어. 또 누군가 10시간을 써서 50만 원의 부가 수익을 올렸다면 이 사람의 노무 생산성은 시간당 5만 원이 되는 거야.

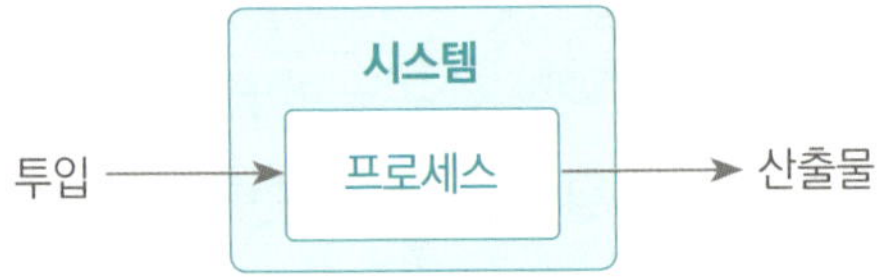

그런데 이 생산성 지표를 보면 건설산업은 다른 산업에 비해 증가 폭이 낮다는 것을 알 수 있어. 이건 우리나라 뿐만 아니라 선진국도 마찬가지

란다. 그러니까 건설산업이 생산성을 쉬이 올리지 못하고 있는 것은 특정 나라의 문제가 아니라 우리가 건축물을 계획하고 설계하고 짓는 방법, 즉 수행방식에서 문제를 찾을 수 있다는 거야.

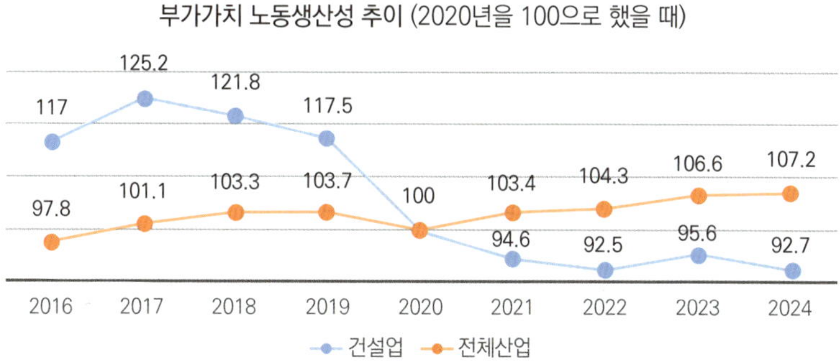

미래 건축 전문가로서 우리는 그럼 어떻게 해야 할까? 건설산업 생산성 향상을 위한 두 가지 힌트가 있어.

첫 번째는 정보화와 생산성 간의 관계야. 맥킨지에서 2005년부터 2014년까지 10년간 산업별 생산성 향상 정도와 함께 산업별 디지털화 지수(digitization index)를 조사한 적이 있어. 그 결과 부끄럽지만 건설산업은 디지털화 지수와 생산성 증가율이 여러 산업 중 꼴찌 수준이란 것을 알 수 있었지. 그것보다 더 중요한 것은 디지털화 수준이 높은 산업일수록 생산성 증가율도 높았다는 거야. 어떤 사람들은 이걸 "붉은여왕 효과(Red Queen Effect)"로 설명하기도 해. 건설업은 그대로 있지만 다른 산업이 끊임없이 변화함으로써 건설업을 뒤처지게 만든다는 말이야.

그러니까 미래 건축 전문가는 건설산업의 디지털화에 관심을 가지고 여러 정보의 디지털화, 그리고 디지털화된 정보를 활용할 수 있는 능력이 있어야 해. 저 그림에서 보이는 관계는 인과관계가 아니라 상관관계라서 디지털화가 되면 건설산업 생산성이 올라간다고 단정지을 수는 없지만 일단은 시도해봐야 되지 않겠니?

두 번째 힌트도 줄게. 미국의 대표적인 건설 연구기관 중 하나인 건설산업연구원[49]에서 건설업과 제조업에서 종사하는 사람들이 시간을 어떻게 쓰는지 조사하고 세 가지 형태로 구분하였어. 그러니까 생산성에 직접적으로 도움이 되는 활동인가(가치형), 재료를 옮기거나 검수하는 것처럼 간접적으로 도움이 되는 활동인가(지원형), 아니면 생산성에 도움이 되지 않는 불필요한 활동인가(낭비형)으로 구분한 거야.

그림을 보면 제조업은 가치형 활동이 62%, 지원형 활동이 26%, 그리고 생산성에 도움이 되지 않는 낭비형 활동이 12% 정도야. 이에 반해 건설업은 가치형 활동이 10%, 지원형 활동은 33% 수준이고 낭비형 활동은 전체의 57%나 된단다.

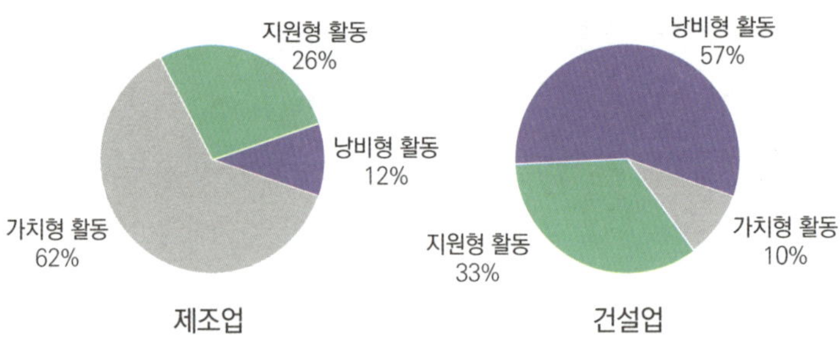

49) Construction Industry Institute, CII

만드는 제품이 커다란 건설산업 특성상 이동 등 간접 활동의 비율이 제조업에 비해 높을 수 밖에 없는 것은 이해한다 치더라도, 낭비형 활동 비율이 절반이나 된다는 것은 좀 충격적이지 않아? 어쩌면 저 차이가 건설업과 제조업의 생산성 격차를 설명하는 것일지도 몰라. 그러니까 미래 건축 전문가는 지금 현재 하고 있는 것보다 더 좋은 계획을 수립하고 사람들을 움직여서 이렇게 불필요한 낭비형 활동을 줄일 수 있어야 한단다.

미래 건축 전문가는 강한 윤리의식과 함께 현재 일하는 방식도 잘 이해하고 이를 수행할 수 있는 역량도 있어야 하지만, 현재의 방식을 개선하고 생산성을 향상시킬 수 있는 방법에 대해서도 늘 깨어 있어야 하는 거야.

유망한 건축 전문 분야

유망한 건축 분야를 얘기하는 건 사실 어려운 일이란다. 미래를 예측할 수도 없고 모든 건축 분야의 발전을 깊이 있게 알 수도 없을 뿐더러 유망하다고 하는 것 자체가 주관적일 수밖에 없기 때문이야.

하지만 여기에서 미래 건축 전문가들에게 하고 싶은 이야기는 어느 분야에서건 올라타야 할 "로켓"은 있다는 것이란다. 이 표현은 셰릴 샌드버그가 2013년 출간한 "린인(Lean In)"이라는 책에서 소개한 내용이야.

샌드버그가 구글로부터 스카우팅 제의를 받았는데 그 자리가 썩 맘에 들지는 않았나 봐. 그때 구글 CEO 에릭 슈미트가 샌드버그에게 한 말이 "로켓에 올라타세요"였다는 거야. 로켓, 즉 성장 속도와 임팩트가 큰 조직이 있으면 일단 자리를 따지지 말고 올라타는 것이 중요하다는 의미지.

건축 분야 내에서도 들여다보면 성장 속도가 빠른 분야가 있고 정체된 분야가 있을 거야. 지금 10,000개의 일자리를 제공하는 분야라 해도 정체되어 앞으로 8,000개의 일자리만 남는다면 일하는 내내 내가 줄어드는 2,000명에 속할까 불안하지 않겠니? 내 분야에 젊은 후배들이 들어오지 않고 성장 속도도 느리고 말이야.

반대로 지금 100개의 일자리밖에 없지만 앞으로 500개의 일자리로 늘어나는 분야라면 어떨까? 일단 한번 올라타면 즐거움이 가득한 여행이 될 거야. 분야는 계속 성장하고 매년 일자리가 늘어나니 젊은 후배들도 들어오고 리더십의 위치에 설 수 있겠지.

그러니까 내가 구체적으로 어떤 분야에서 미래 건축 전문가가 될 것인지 진지하게 고민해 보고 실행에 옮기는 것이 중요하단다. 건설산업이 어떻게 바뀌고 있는지, 어떤 이슈들이 있는지 늘 관심을 가지고 조언을 구해야 해. 여기에서는 그 조언의 일부로 유망해 보이는 건축 분야를 몇 가지 소개해 줄게.

스마트 건축 전문가: 스마트 건축은 정보화 기술과 4차 산업혁명 기술을 건축에 접목하여 고성능 주택과 시공 효율성을 향상시키는 기술이라 할 수 있어.

건축 분야에서 정보화의 핵심 기반은 BIM(Building Information Model)으로, 우리나라 공공 공사에 점차 확대되고 있고 2030년에는 모든 공공 공사에 BIM 도입이 의무화되었단다. 공공 뿐 아니라 이미 많은 민간 공사에서도 발주자들이 BIM 자격증과 경험이 있는 전문가의 투입을 요구하는 사례가 생기고 있지. 그래서 이미 대부분의 대학교들이 BIM 관련 수업을 개설하고 가르치고 있단다. 그래서 BIM으로 건축 설계를 표현하고 모델링하는 역량만으로 전문성을 인정받기는 어려운 시대가 오고 있다는 것을 알고 있어야 해.

BIM을 활용한 여러 가지 분석 도구들을 쓸 줄 알고 이를 통해 설계 단계에서 앞으로 있을 문제점들을 미리 찾아내는 DfX(Design for Excellence)라던지 설계 오류를 조기에 발견하고 수정하거나 설계 도면을 상세한 수준으로 바꾸어 주는 설계 자동화, 복잡한 비정형 건축물 설계 도면을 실제로 구현하기 위한 제조 지원 기술, BIM 정보와 실제 건축물 정보를 자동으로 분석하고 유지관리에 활용하는 기술 등 나만의 전문성을 찾아 발전시켜 나가야 한단다.

또 빅데이터와 인공지능, 드론과 무인항공기, OSC(Off-Site Construction), 증강현실과 가상현실, 지능형 장비와 건설 로봇 등 건설 생산성을 높이기 위한 여러 4차 산업혁명 기술들이 건설산업에서 테스트되고 있어. 이미 대형 시공사들을 중심으로 디지털전환, 인공지능, OSC, 로봇 기술팀이 속속 생기고 있고 전문성을 키워가고 있으니 이 분야에 관심 있는 미래 건축 전문가들에게는 좋은 기회가 될 것이라 생각해. 아직은 낮지만 이런 기술들의 현장 적용 비율이 갈수록 늘어나고 있단다.

아직까지 대학교에서 수업으로 개설되거나 수업 내용에 포함되는 빈도는 낮아서 처음에 접근하기는 어렵겠지만, 투자하면 충분히 가치가 있는 로

켓들 중 하나가 될 수도 있어.

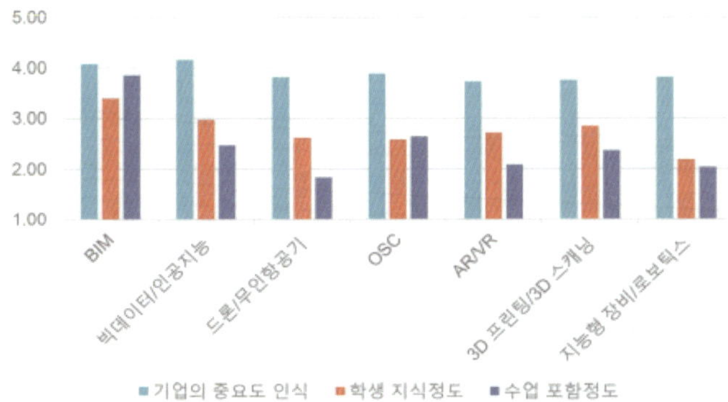

녹색 건축 전문가: 녹색 건축 기술은 건축물을 짓고 사용하는데 들어가는 에너지와 탄소 배출을 최소화하는 기술이란다. 최근에 많이 대두된 ESG 경영[50]의 E에 해당하는 것으로 건설산업의 관심이 매우 높아.

50) 환경(Environmental), 사회(Social), 기업 지배구조(Governance)의 비재무적 요소들을 통해 기업 경영의 지속가능성을 달성

녹색 건축 기술에는 건물의 단열과 기밀성 강화, 자연 채광과 환기를 이용해 에너지 사용 없이 건축물을 쾌적하게 하기 위한 패시브 디자인, 그리고 스마트 센서를 통해 건물 에너지 사용을 모니터링하고 최적화하기 위한 건물에너지관리시스템[51] 기술 같은 것들이 대표적이야.

우리나라는 공공건축물을 대상으로 녹색건축인증 취득을 의무화하고 있어서 인증과 관련된 건축 설계와 시공관리 기술은 계속 발전할 수 밖에 없어. 이 제도는 토지이용 및 교통, 에너지 및 환경오염, 재료 및 자원, 물순환관리, 유지관리, 생태환경, 실내환경의 7개 전문분야를 항목별로 평가하고 있지.

특히 건설산업에서 배출되는 이산화탄소는 전체 배출량의 3분의 1 정도를 차지할 정도로 높아. 그래서 녹색 건축 전문가들은 특히 탄소배출을 줄일 수 있는 시공 공법의 개발과 도입, 탄소배출 저감형 건축 자재와 장비의 개발, 자재 재활용, 건설폐기물 감축 등에 관심을 가져야 한단다.

건축과 시공 단계 밖의 전문성들: 건축 프로젝트의 단계에는 기획과 설계, 시공, 유지관리, 해체가 있다고 했지? 하지만 생각해 보면 건축 전문가를 양성하고 있는 여러 대학교들에서 설계와 시공에 필요한 업무 기술을 중점적으로 가르치고 있다는 것을 알 수 있을 거야.

물론 설계와 시공과 관련된 시장이 커서 많은 인력을 양성해야 하는 것도 있지만, 정작 그 앞단과 뒷단, 그리고 건축을 둘러싸고 있는 연관 분야의

51) Building Energy Management System, BEMS

전문가들은 상대적으로 부족한 것도 사실이란다. 미래 건축 전문가로서의 비전을 생각한다면 설계와 시공 지식을 기반으로 이런 분야들에 관심을 가지는 것도 가치가 있을 거야.

우선 건축 자금조달(파이낸싱)과 기획 전문가는 사업성 분석, 자금조달 계획, 프로젝트 위험관리와 계약 검토의 전문가들이야. 건설사에서 자체적으로 부동산 개발을 하는 경우도 많고, 아니면 전문 부동산 개발회사나 자산운용사, 투자은행에서 일하는 경우도 많단다. 오피스나 공장 등이 많이 필요해서 반복적으로 건축 프로젝트를 수행해야 하는 발주자 기업들에도 기획과 사업관리 분야의 건축 전문가들이 포진해 있지.

이미 지어진 건축물과 도시를 유지관리하기 위한 전문가들도 지금보다 많이 필요할 것으로 생각해. 건축물 공간자산을 관리하고 사용자 요구의 변화에 따라 리모델링하는 전문가들, 낙후된 도시를 재생하고 새 생명을 불어넣는 전문가들이 필요할 거야. 건축물 안전사고를 없애기 위한 안전진단과 유지보수 분야의 전문성과 비파괴 검측 장비 고도화 같은 분야들도 눈여겨 볼만 하단다.

마지막으로 노후화된 건축물의 해체와 관련된 전문성을 가진 전문가들이 턱없이 부족해서 해체 분야의 미래 건축 전문가들이 많이 나왔으면 해. 특히 고층 건축물의 해체 기술, 건설폐기물 최소화를 위한 해체를 고려한 설계, 주변 안전과 환경에의 영향을 최소화하는 해체 공법과 해체공사 관리 등에 전문성을 요구하게 될 거야.

전문성을 기르는 방법

그럼 전문성은 어떻게 기를 수 있을까? 대학교에 오면 건축 분야가 얼마나 넓은지 실감할 수 있단다. 정말 다양한 내용의 수업을 다양한 교수님들이 가르쳐 주거든.

처음에는 다양한 수업들을 충실히 들으면서 전반적인 내용을 파악하는 것이 중요해. 어차피 건축물은 하나이고 어떤 분야이든 다 연결해서 통합적으로 이해해야 좋은 건축물을 만들어 낼 수 있는 역량이 생기거든.

그리고 저학년 때에는 어떤 전문 분야를 선택하더라도 도움이 될 수 있는 범용적인 능력을 키우려고 노력하는 거야. 대표적인 것이 영어와 같은 언어, 그리고 코딩 능력, 데이터 처리 능력이 아닐까? 다양한 언어는 다른 나라에서 생산되는 새로운 지식을 받아들일 수 있게 해주는 중요한 도구야. 그리고 코딩과 데이터 처리 능력은 이제 설계, 시공을 포함해서 건축 프로세스의 모든 분야에서 중요하게 다루어지고 있단다.

비슷한 의미에서 BIM도 일찌감치 잘 익혀 두는게 좋단다. BIM은 설계할 때에만 쓰는 도구가 아니야. 공정관리와 원가관리, 품질과 안전 등 시공 단계의 많은 새로운 기술들이 BIM을 기반으로 하고 있는 것이 많단다.

그러면서 점차 고학년으로 넘어가면서부터는 수업을 들으면서 이거다 하는 관심 가는 분야를 탐색하는 것이 중요하단다. 친환경 건축, 생태건축, 패시브 디자인, 파사드 설계, 배리어 프리, BIM, 프로젝트 파이낸싱, 스마트 안전, 초고층 건축 구조, 에너지관리시스템, OSC, 모듈러 공법, 해체 공법 등 수많은 키워드들이 수업에 등장하고 대부분 별도 수업이 있다기 보다 짧게 언급되고 지나가는 것들이 많을 거야. 이런 것들에 정말 보배들이 있을 수 있어.

수업을 마치고 이런 키워드들을 검색해서 현황과 전망 등을 잘 살펴 보렴. 나와 잘 맞는지 확인해 보고, 궁금하면 담당하는 분야의 교수님들을 방문해도 좋아. 결국 나에게 맞는 전문 분야를 찾는 것은 빠르면 빠를수록 좋단다.

한 가지 주의할 점이 있단다. 많은 경우에 어떤 분야를 나의 전문성으로 선택해야 할지 몰라 망설이는 사람들이 많아. 이것도 좋아 보이고 저것도 좋아 보이고 확인이 들지 않는 거야. 그러나 어느 하나를 선택하고 나서 전문성을 기르기 위해 좀 알아보다 보면 갑자기 어려워 보이거나 나에게 맞지 않아 보이기도 하고 말이야. 그럼 다시 원점에서 탐색을 하는데 문제는 이러한 행동을 졸업해서 건축 학위를 받을 때까지 반복하는 사람들이 많다는 거야.

이렇게 망설이기만 할 뿐 선택을 하지 못하면 점점 자신감이 떨어질뿐더러 졸업할 때 아무런 전문성이 없는 상태가 되기 쉽단다. 반면에 일찍 전문 분야를 선택하고 이를 개발해 온 사람들은 이미 졸업할 때 전문성이 일정 부분 생길 뿐만 아니라 이 전문성을 지속적으로 발전시키기 좋은 방향으로 커리어를 선택하는 것도 더 쉬워져.

의사결정 이론 중에 의사결정의 세 가지 요소들이 있는데 선택할 수 있는 대안들, 선택을 돕기 위해 습득한 정보들, 그리고 내 가치관의 의한 선호란다. 그 세 가지 요소들을 잘 결합해서 훌륭한 의사결정을 할 수 있는 거지. 하지만 의사결정을 한 이후 정말 중요하게 봐야 할 것은 그 결정대로 의지를 가지고 밀어붙이는 힘이야.

의사결정 이론 체계

생각해 보면 우리가 내리는 의사결정은 완벽하지 않단다. 그 결정이 전문 문야를 선택하는 거라고 해보자. 선택 가능한 모든 전문 분야들을 알 수도 없고, 각 전문 분야들의 현황과 미래에 대한 모든 정보를 알 수도 없어. 그리고 심지어 우리들 각각이 가지고 있는 가치관도 시시각각 변하잖아. 어떨 때는 큰 돈을 벌 수 있는 삶을 꿈꾸다가, 어떨 때는 안정적인 삶을 꿈꾸기도 하고, 또 어떨 때는 사회적 가치가 높은 일을 하고 싶어 하는 것처럼 말이야. 그러니까 나에게 완벽한 전문 분야를 선택한다는 것은 애초부터 불가능한 일이라는 것을 인정해야 해.

자, 완벽한 전문 분야는 선택할 수 없더라도 다행인 것은 우리가 고민해서 내리는 선택은 대부분 좋은 선택이라는 거야. A+ 학점의 대안은 고르기 어렵더라도 대부분 A- 학점은 돼. 그리고 정작 중요한 것은 내가 고른 대안의 가치를 믿고 전문성을 기르기 위해 지속적으로 밀어 붙여야 한다는 거야.

앤젤라 더크워스는 "그릿(Grit)"[52]이라는 저서에서 재능보다 더 중요한 성공 비결은 장기적인 목표를 가지고 포기하지 않고 끊임없이 노력하는 정신이라고 하고 있어. 전문가로 성장하는 비결도 똑같아. 커리어를 개발할 전문 분야를 빠르게 선택해서 지속적으로 흥미를 가지고 더 높은 지식과 이해를 얻기 위해 꾸준히 노력하는 거지.

건설산업에서 종사하는 많은 전문가들은 특정 분야 전문성을 바탕으로 가치를 창출하고 있어. 방수 전문가도 있고, 말뚝 전문가도 있어. 공정 전문가도 있고, 국제계약 전문가도 있단다. 어떤 분야 전문가든 다 소중하고 막상 희귀해서 산업에서 가치를 인정받고 있어. 대학교에 들어오면 처음에 어떤 분야 전문가가 되고 싶다고 하는 학생들이 많지만, 정작 졸업할 때 보면 이게 흐지부지되어 있는 경우들을 많이 봤단다. 어떤 학생은 해체 전문가가 되겠다고 당당히 선언했지만 졸업할 때까지 해체에 대한 아무런 전문성을 키우지 못했어. 행동이 성과를 만들어내는 것임을 명심했으면 해.

구체적으로 전문성을 키우는 방법은 참 다양할 거야. 해당 분야의 온라인 교육이나 외부 강연을 찾아 들어도 좋아. 학교 교수님들과 상담을 해보고 작은 소논문 프로젝트를 만들어봐도 좋겠지. 실무 인턴십 기회를 통해 해당 분야 업무를 접해볼 수 있도록 노력을 해도 좋고 말이야. 블로그를 시작해서 꾸준하게 해당 분야 글을 모으고 직접 써보는 것도 좋아. 관심을 가지면 관심을 가지는 만큼 새로운 길이 열릴 거야.

52) 성장(Growth), 회복력(Resilience), 내재적 동기(Intrinsic motivation), 끈기(Tenacity)의 앞자를 딴 조어

대학 졸업 이후와 전문성

대학 교육을 마치게 되었는데 그 이후로는 어떻게 전문성을 키워야 할까? 앞에서 전문가란 해당 분야에 상당한 지식과 경험을 가진 사람을 뜻한다고 했지? 그러니까 졸업 이후에도 지속적으로 선택한 전문 분야에 대한 지식과 경험을 키워나가려고 해야 한단다.

건설산업에서 실무 경험은 전문성에 매우 중요한 역할을 해. 특히 건설산업의 많은 부분이 경험 중심으로 진행이 된다는 것을 생각하면 실무 경험 부족은 그대로 전문성이 부족한 사람으로 보일 수 있단다.

때로 현업에서 일하다 보면 내가 원하지 않는 업무를 부여받을 때가 많고 그러면 그동안 키워오던 전문성과 관계없는 일을 할 때가 있어. 그러다 운명처럼 지금까지 키워오던 전문성 보다 새로운 업무에 대한 전문성이 훨씬 커져 버릴 수도 있고 말이야. 인생이 뜻대로 흘러가지는 않는 거잖아.

만약 그래도 새로운 업무 보다 내가 관심있어 하던 전문 분야의 일을 하고 싶다면 지속적으로 해당 분야의 전문성을 어필하고 또 역량도 길러 나가야 한단다. 전문성을 뒷받침하기 위한 경험은 자연스럽게 나에게 오지 않는다는 것을 명심하렴.

한편, 경험과 함께 전문가를 형성하는 또 하나의 축은 지식이라는 것을 잊으면 안돼. 지식은 선배 전문가들이 가르쳐 줘서 습득하는 지식도 있지만, 스스로 학습하고 고민하고 연구하면서 만들어 내는 지식도 있단다. 스스로 전문 지식을 창출할 수 있는 전문가, 건설산업을 혁신하는 미래 건축 전문가의 모습이 아니겠니?

대학 졸업 이후 전문성을 충분히 기르기 위한 대표적인 방법은 대학원 공부를 하는 것일 거야. 이때에는 건축 전반에 대한 지식을 바탕으로 내가 기르고자 하는 전문 분야를 선택해서 집중할 수 있는 시간이 주어지기 때문이야. 지식을 습득하는 것은 매우 힘든 과정이지만 그 과정을 거쳐야 비로소 건축 전문가로서 역할을 할 수 있단다.

대학원 공부를 하고 현업에 진출하면 이미 상당 부분 전문 분야를 구축하고 일을 하는 것이기에 전문성과 맞는 업무를 부여받을 가능성이 크고 자연스럽게 지식과 경험을 일관되게 쌓을 수 있는 기회가 있단다. 반면 실무를 먼저 하고 대학원에 진학하면 경험을 활용해서 지식을 더 생생하고 깊이 있게 습득할 수 있을 거야.

선배들의 조언

엘리펀츠 건축사사무소 이양재 대표님 (건축설계 전문가)

Q 지금 하고 계시는 일을 간단히 설명해 주세요.

건축사로서 건물 설계를 주로 합니다. 저는 소수의 작품 시장보다는 많은 이들이 건축을 향유할 수 있도록 합리적인 가격과 품질을 목표로 단독주택의 상품화에 관심을 가지고 있습니다. 이를 위해 자재 규격화와 OSC(Off-Site Construction)에 유리한 목구조, 철골구조, 하이브리드 구조에 특히 관심을 가지고 다양한 실험을 진행 중입니다. 최근에는 쿠마겐코나 후지모토 소우 등, 일본의 사례처럼 목조건축의 고도화 및 이를 전통과 연계하는 방식에 대해 고민 중에 있습니다.

Q 왜 건축을 전공으로 선택했나요?

중학생 때는 자동차 디자이너 등이 꿈이었으나, 예체능계인 미대에 진학해야 한다는 사실을 뒤늦게 깨닫게 되었습니다. 이공계 중에서 디자인을 할 수 있는 과가 어디인지 찾아보다가 건축을 전공으로 하게 되었습니다. 지금은 믿기 어려울 수도 있지만, 건축과가 의대보다 인기가 높았던 시절이었기에 열심히 공부한 끝에 건축학과에 진학할 수 있었습니다.

Q 어떻게 커리어를 발전시켜 왔나요?

막상 건축학과에 들어와 보니, 설계와 공학 분야가 나뉘어 있고, 건물을 작품으로서만 집중하는 분위기가 안타까웠습니다.졸업후 대기업 시공사에 입사했고, 이때 번 돈으로 세계일주를 다녀온 후, 중대형 건축사사무소 등을 거쳐 지금은 저만의 건축사사무소를 개소하여 다양한 실험과 시도를 진행 중입니다. 이처럼 시공과 설계를 두루 거친 경험이 20~30대에는 한 쪽 분야만 꾸준히 하는 친구들에 비해 이도 저도 아닌 커리어처럼 느껴지기도 했습니다만, 이제는 양쪽 모두를 볼 수 있는 폭넓은 시선을 가지게 된 원동력이었다고도 생각합니다.

Q 생각하기에 향후 유망해 보이는 건축 전문 분야가 있나요?

세계로 뻗어가는 K-국력에 비해 건축은 아직 미흡한 부분이 있습니다. 건축이 여타 분야에 비해 일반적으로 20~30년 정도 뒤에 발전이 뒤따르는 것을 감안하면 가까운 미래에 컨텐츠로서 K-건축의 위상이 지금의 K-POP이나 한류 드라마처럼 세계 속으로 뻗어나갈 시점이 아닐까 합니다. 이를 위해서는 지금의 건축 방식이 아닌 본인만의 생각으로서, 건축을 스스로 구축하려는 노력이 필요합니다. 소수가 아닌 많은 이들이 건축을 향유할 수 있고, 제조업 기술과의 접목을 통해 전통적인 건설과정을 벗어날 수 있도록 고민하는 것이 고부가가치로서 건축의 역할이 될 수 있을 것입니다.

Q 건축을 공부하는 학생들에게 추천할 만한 활동이 있나요?

여행을 추천하고 싶습니다. 결국 사람이 하는 일이고 사람을 위한 공간을 1:1 스케일로 만드는 만큼, 많은 건물을 보고 이를 자신만의 스타일로 소화하는 것이 중요하다고 생각합니다.

Q 기타 미래 건축 전문가들에게 조언해 줄 얘기가 있나요?

여러분 스스로가 그 어느 누구의 복제품으로서 인생을 사는 것이 아닌 것처럼, 건축 또한 본인만의 색깔로 하는 것이 중요합니다. 정답이란 없으며, 마찬가지 의미에서 기존의 사례나 방식, 학교에서 알려준 사고로 할 필요 또한 없다고 생각합니다. 나만의 건축(Like no other)을 하기 바랍니다.

해안건축 신규식 수석님 (건축설계 전문가)

Q 지금 하고 계시는 일을 간단히 설명해 주세요.

해안건축 H Studio에서 디자인 리더를 맡고 있습니다. H Studio는 디자인 특화 부서로, 공공·민간 현상설계나 사내 다양한 설계 부문과 협업하며 프로젝트의 디자인 방향을 제안하고 발전시키는 역할을 합니다. 공공청사, 공연장, 문화시설 등 다양한 분야에서 새로운 건축적 공간의 가능성을 탐구하고 있습니다.

Q 왜 건축을 전공으로 선택했나요?

학창 시설에는 그림과 만화, 문학에 관심이 많았던 평범한 학생이었습니다. 하지만, 대학에서 건축을 접하고 나서, 건축은 인문학, 예술, 공학이 모두 어우러진 종합적인 학문이자, 끊임없이 사고하고 새로운 것을 만들어내는 창조적 과정으로 평생 질리지 않을 것이라는 확신이 들었습니다.

Q 어떻게 커리어를 발전시켜 왔나요?

처음에는 소규모 아틀리에에서 경력을 시작했습니다. 저년차 시절부터 디테일과 현장 경험, 그리고 실제 휴먼 스케일에 맞는 고급 주택 프로젝트를 접하며 많은 것을 배웠습니다. 이후 대형 설계사무소로 옮기면서 규모와 성격이 다른 다양한 프로젝트를 경험했고, 동시에 해외에 대한 열망도 커졌습니다.

그 결과 영국으로 유학을 결심해 바틀렛(Bartlett)에서 Diploma/M.Arch 과정을 마치고, BDP라는 회사에서 실무를 했습니다. 바틀렛의 건축 교육은 건축과 사회의 관계를 끊임없이 질문하게 합니다. 경제, 문화, 환경 등 사회 변화 속에서 자신만의 건축적 내러티브를 구축하며, 건축을 단순한 건물 디자인이 아닌 변화에 대응하는 '매개체'로 바라보게 되었습니다. 이는 사회가 요구하는 기능을 수용하고 다양성을 조직하는 건축적 사고를 정립하는 데 큰 도움이 되었습니다. 이후 영국에서의 경험을 마무리하고 현재는 해안건축에서 스튜디오를 이끌며 다양한 프로젝트를 진행하고 있습니다.

Q 생각하기에 향후 유망해 보이는 건축 전문 분야가 있나요?

앞으로 주목해야 할 분야는 단연 친환경 건축입니다. 한국 건축가들은 혹독한 4계절 기후 속에서 건축을 경험해왔기에, 기후 변화에 대응하는 설계에 강점을 가지고 있습니다. 탄소 중립과 에너지 절약, 그리고 환경에 적응하는 건축은 앞으로 더욱 중요한 화두가 될 것입니다.

Q 건축을 공부하는 학생들에게 추천할 만한 활동이 있나요?

무엇보다 직접 공간과 장소를 경험하는 것이 중요합니다. 도면이나 화면에서 보는 것과 실질적으로 체험하는 스케일과 재료의 질감, 빛의 움직임은 전혀 다른 경험으로 다가올 것입니다. 현장에서 공간을 체득하며 도면과 비교해보는 경험은 건축적 사고를 깊게 만들어 줍니다. 기술이 발전했음에도 불구하고, 인문학적 배경지식과 사고, 손으로 그리며 사유하는 과정이 여전히 건축적 사고의 중요한 기반이라고 생각합니다.

Q 기타 미래 건축 전문가들에게 조언해 줄 얘기가 있나요?

초년 시절에는 과도한 열정을 불태우기보다는 긴 호흡으로 자신만의 건축적 어휘를 찾아가는 과정이 필요합니다. 결국 자신만의 언어와 관점을 가진 건축가가 되어야만, 장기적으로 의미 있는 작업을 지속할 수 있다고 생각합니다.

Q 지금 하고 계시는 일을 간단히 설명해 주세요.

신축 건축물의 일반 구조설계와 성능기반 내진설계, 그리고 기존 건축물의 내진보강 설계를 하고 있으며 이러한 업무와 관련된 학회나 기관의 연구과제에 참여하기도 합니다.

Q 왜 건축을 전공으로 선택했나요?

지방에서 공부하는 고등학생 당시에는 전공별 특성이나 미래의 전망에 대한 정보가 사실상 전무한 상태였기 때문에, 막상 입학 당시에는 건축과가 전망이 밝다는 주변의 조언이 있어서 막연하게 건축과에 입학하게 되었습니다.

Q 어떻게 커리어를 발전시켜 왔나요?

저의 경험에 비추어 볼 때 커리어 발전에 대한 한 가지의 조언을 드리고 싶습니다. 공부를 하든 업무를 하든 능동적으로 이해하며 생각하고 노력하라는 것입니다. 주어진 공부도 최대한 이해하면서 공부하려고 노력하고 주어진 업무에 대해서도 최대한 내용을 파악하면서 수행하려고 노력하기를 바랍니다. 이러한 방식은 하나의 문제를 풀거나 하나의 업무를 수행할 때에는 더 많은 시간과 고민과 에너지가 들어가게 되지만 이러한 능동적인 노력이 쌓이고 쌓이다 보면 어느덧 전문가의 소리를 들을 수 있게 되는 것 같습니다. 이러한 4~5년의 능동적인 경험은 능히 20~30년의 시키는 대로만 하는 수동적인 경험을 이기는 것이 현실인 것 같습니다.

Q 생각하기에 향후 유망해 보이는 건축 전문 분야가 있나요?

AI가 없던 입학 당시에도 예측된 미래는 완전히 틀린 예측이 된 상태인데, AI가 흔

해질 미래를 함부로 예측하는 것은 위험하다고 생각됩니다. 하지만 유망하다기 보다는 생존과 관련된 미래를 고민해 보자면, 다양한 건축 내부 분야 중에서 외면받지만 AI가 대체할 수 없는 대면 서비스업 업무와 건설 현장 업무 등의 분야는 AI가 일상화되는 미래에서도 살아남을 수 있는 분야로 생각됩니다.

Q 건축을 공부하는 학생들에게 추천할 만한 활동이 있나요?

건설 현장에서의 아르바이트를 통해 실제 현장이 사회적으로 그리고 물리적으로 어떻게 돌아가는지 경험해 보는 것을 추천합니다. 주변의 많은 전문가라는 분들은 사실상 실제 건축의 최종단계인 건설 현장이 어떠한 특징들과 문제점들을 가지고 있는지 파악하지 못하고 현장 탓을 하는 성향이 있기 때문에, 진정한 전문가가 되려고 하면 건설 현장을 이해할 수 있는 경험이 더욱더 필요한 것으로 생각됩니다.

Q 기타 미래 건축 전문가들에게 조언해 줄 얘기가 있나요?

전문 분야와 상관없는 이야기입니다만, 제가 가장 우선시하는 요소는 행복입니다. 행복은 현재가 가장 중요하며 그다음으로 다가올 현재인 미래가 중요합니다. 절대 동의할 수 없는 말 중에 하나가 확실하지도 않은 미래를 위해 현재를 무조건 희생하라는 조언들입니다. 행복을 위해서는 자신의 과거와 현재에 대해 후회하지 않는 삶의 자세를 가지기를 바랍니다. 이는 자신의 시간과 자존감을 갉아먹고 자신을 불행하게 만드는 요소이기 때문입니다. 자신의 과거와 현재를 받아들이고 긍정적으로 현재를 즐기며, 또 다가올 현재인 미래가 행복할 수 있도록 미래도 준비하는 자세로 살아가기 바랍니다.

Q 지금 하고 계시는 일을 간단히 설명해 주세요.

건축기술영업 부서에서 근무하고 있습니다. 건설회사에는 크게 건축사업, 토목사업, 플랜트사업으로 구분되고, 건축사업은 도시정비(재건축,재개발), 리모델링, 개발사업, 공공 및 민간입찰사업으로 구분되는 데, 기술영업부서는 공공 및 민간입찰사업을 주로 하고, 일부 개발사업에 관한 수주영업을 담당하는 부서입니다.

Q 어떻게 커리어를 발전시켜 왔나요?

1997년 건설회사에 입사하여 5개 현장에서 원가 및 계약관리(공무팀), 시공 및 품질관리(공사팀) 업무를 경험하였습니다. 주로 일반건축물 현장이었는데, 대형 할인마트, 반도체공장, 박물관, 예술회관, 주상복합아파트를 차례로 시공하였고, 다양한 유형의 건축물 특성과 공법을 경험할 수 있었습니다. 마지막 현장을 끝내고, 본사에서 근무하게 되었는데 첫 번째 부서는 막 신설된 CS팀(Customer Service)이었습니다. 이후 영업팀으로 부서를 옮겨 십수년이 지난 지금까지 수주영업 업무를 담당하고 있습니다.

직업전문성을 높이기 위해 현장 근무시에는 시공기술사, PMP, 안전기사 등의 자격증을 취득하였고, 영업 부서에 와서는 개발사업 관련 학습이 필요하다 생각이 들어 부동산대학원과 공학박사를 취득했습니다. 부동산 법률에 대한 적극적인 학습을 위해 공인중개사를 준비하기도 했습니다. 내외부 환경이 끊임없이 바뀌기 때문에 졸업 후 회사에 근무하면서도 본인 업무가 요구하는 자기계발은 필수적일 것 같습니다.

Q 생각하기에 향후 유망해 보이는 건축 전문분야가 있나요?

나라가 부강해지면서 선진국으로 바뀔 때, 건설산업 비중이 축소되는 것은 어쩔 수 없지만 건설산업은 "전통산업"으로서의 위치가 있을 수밖에 없습니다. 겉으로는 변화가 없어 보이지만 건설산업은 늘 새로운 산업의 출현에 대응하여 지원 산업으로서의 역할을 하여 왔습니다. 주택 분야에서는 끊임없이 최신 기술을 반영한 신상품을 개발하고, 새로운 금융기법을 도입합니다. 시공 분야는 IT, AI, 로봇 기술을 도입하여 구조, 공법, 안전, 품질관리 기법을 고도화하고 있습니다. 상품 측면에서는 초고층빌딩, 장대교량, 소형원자로(SMR), 데이터센터, 제로에너지건물 등을 건립하고 있습니다.

유망 분야는 IT, AI, 로봇기술 등의 첨단기술을 직접 받아들이는 전문 분야이겠지만 연구개발과 엔지니어링을 위주로 하는 직업군의 수요에 한계가 있습니다. 건설사업에 금융을 제공하는 IB기업(증권사, 신탁사)에도 건축 전공하신 분들이 많이 진출하고 있습니다.

Q 건축을 공부하는 학생들에게 추천할 만한 활동이 있나요?

건설산업은 분야가 워낙 넓고 다양하므로 본인의 적성에 맞는 분야를 찾아 좁혀 나갈 수 밖에 없습니다. 크게 보면, 설계, 시공, 구조, 설비, IT, 부동산 개발 분야를 구분해야 하고, 시공 분야의 경우에도 현장 시공, 공정, 기술, 상품 개발, 수주 영업 등의 분야로 구분됩니다. 다양한 활동을 통해서 적성에 맞고 관심이 있는 진로를 탐색하는 것이 필요합니다. 정규 교육과정에서의 학습과 더불어 틈틈이 현업 실습, 전문동아리 활동, 선후배 교류 등을 권하고 싶습니다.

Q 지금 하고 계시는 일을 간단히 설명해 주세요.

첫 번째는 건설사업관리(CM) 공공사업 수주로 건설 프로젝트의 사업관리(CM) 용역 수주를 위해 수행하는 업무를 하고 있습니다. 주로 입찰 참여, 제안서 작성, 그리고 계약 체결로 이어지는 과정을 포함합니다. 두 번째, 국가연구개발사업「디지털 기반 건축감리 및 시공자동화 로봇 기술개발」에서 "모바일 디바이스 기반 시공감리 업무 프로세스 최적화" 책임연구자로서 건설현장에서 수행되는 감리 업무를 스마트폰, 태블릿 등 모바일 기기를 활용하여 효율성과 정확성을 높이는 것을 목표로 연구하고 있습니다.

Q 왜 건축을 전공으로 선택했나요?

건축가는 다양한 업무 영역을 갖춘 전문직이라는 매력 때문에 선택하였습니다. 경험을 통해 알게 된 더 큰 매력은 남,여 구분이 없고 정년 제한 없이 능력을 발휘할 수 있는 장점이 있습니다.

Q 어떻게 커리어를 발전시켜 왔나요?

기사자격증: 졸업 전에 취득하는 것이 가장 쉬운 방법입니다. 졸업 후에는 시간 내어 공부한다는 것이 쉽지 않습니다.

경력: 입사 초기 10년은 건축설계 업무를 통해 실무경험을 쌓았습니다. 이후 CM에 관심이 많아 본격적으로 단장 교육, 제안서 작성, PQ 업무 등 건설사업관리(CM) 실무를 하면서 건설VE전문가 자격취득, 석사학위와 박사학위 취득 등을 통해 전문성을 키워왔습니다. 전문직은 경험이 소중한 자산입니다. 오늘 나에게 주어

진 일에 책임감을 갖고 충실하게 매일매일 경력을 쌓아간다는 성취감으로 임했습니다. 특히, 관리자 입장에서 어떠한 일이라도 믿고 맡기는 직원이라면 좋겠지요.

이직: 최소 5년 이상의 간격과 2회 이내를 권고합니다. 업무에 대한 적성과 자질을 확인하는데 최소 3~5년 정도의 시간이 필요합니다.

Q 생각하기에 향후 유망해 보이는 건축 전문 분야가 있나요?

건설자동화(스마트건축): 건설은 자동화가 더디게 진행되는 분야입니다. 그만큼 전공자의 역량을 펼칠 수 있는 범위가 넓습니다. 신축물량은 점차 포화상태입니다. 그린리모델링, 도시 재생 등에서 가치창출과 창의성을 필요로 하게 될 것입니다.

Q 건축을 공부하는 학생들에게 추천할 만한 활동이 있나요?

건축 전문가가 되는 것은 많은 노력을 필요로 합니다. 자신만의 스토리를 쌓아가는 것, 최신 기술과 사회의 다양한 분야에 호기심을 갖고 공부하는 것을 권장합니다. 확증적 편향 없이 시간과 공간 속에서 폭넓게 고민하는 습관을 지녀보세요.

Q 기타 미래 건축 전문가들에게 조언해 줄 얘기가 있나요?

AI의 발전 속에서는 윤리의식을 함양한 인간의 상상력은 점차 더 중요한 가치가 될 것입니다. 시대를 막론하고 "본질;아르케(arche)"가 핵심입니다. "Architecture"의 어원도 본질(아르케)+기술(테크닉), 즉 종합적인 계획과 기술을 바탕으로 이루어져 있다고 합니다. 현재의 시점에서는 고민보다 전문가로서 좋아하는 것과 즐겁게 할 수 있는 것들을 찾아보세요. 미래는 무한한 가능성으로 다가올 것입니다.

위브리빙(Weave Living) 서희준 이사님 (사업관리 전문가)

Q 지금 하고 계시는 일을 간단히 설명해 주세요.

임대 및 운영을 목적으로 하는 실물자산 매입검토 단계에서의 타당성(설계, 예산 및 일정)에 대한 검토를 포함하여, 매입 후 운영 목적에 맞춘 공사를 위한 프로젝트관리 전반(설계/인허가, 업체 선정, 공사관리, 예산/일정관리)에 대한 업무를 수행하고 있습니다.

Q 왜 건축을 전공으로 선택했나요?

사실 건축을 하겠다고 생각한 이유는 아주 단순했습니다. 중학교 시절 나중에 어른이 되면 내가 직접 내가 원하는 공간이 있는 집을 설계하고 지어보겠다는 꿈에서 시작하였던 것 같습니다. 아직 그 꿈은 진행형입니다.

Q 어떻게 커리어를 발전시켜 왔나요?

대부분 설계사무소나 시공사가 주된 시작 점이었던 그 시절에 저는 CM(건설사업관리)분야에 대한 관심을 시작으로. 그 세부분야인 Cost Management(원가관리)에 대한 관심으로 석사부분까지 공부를 하고 이후 CM 전문회사에서 경력을 시작하였습니다.

약 12년가량 CM 회사에서 현장 경험과 본사 원가관리에 대한 전문분야 업무를 지속적으로 수행하였으며, 그 과정에서 영국에서 인증하는 Quantity Surveyor(건설사업비 전문가) 자격을 공부하여 취득하면서 제 전문분야에 대한 지식과 경력을 발전시켰습니다.

이후 저의 주된 경력은 국내 또는 외국계 발주자로 이직을 통해 프로젝트 전반에 대한 관리에 대한 경험을 계속 쌓아가면서 경력 개발을 지속해 가고 있습니다.

Q 생각하기에 향후 유망해 보이는 건축 전문 분야가 있나요?

어느 한 부분이 유망하다는 생각보다는 어느 분야이든 본인이 장기적으로 어떻게 전문가로 성장해 나가겠다는 확고한 의지와 실행력만 있다면 스스로가 남들에게 유망해 보이는 전문가가 되어 있을 것이라고 생각합니다.

Q 건축을 공부하는 학생들에게 추천할 만한 활동이 있나요?

다양한 문화와 국가 출신의 사람들과 지식과 정보를 교류하면서 본인의 그릇을 키워 나가는 활동이 있다면 취미, 비전문, 전문 분야 따질 것 없이 그 경험을 해보는 것을 추천 드립니다. 결국, 어떤 분야의 훌륭한 전문가는 본인의 경험과 지식에만 매몰되면 그 전문가를 필요로 하는 사람들에게서 멀어져가는 반쪽짜리 전문가가 될 가능성이 점점 높아질 것이라고 생각합니다.

Q 기타 미래 건축 전문가들에게 조언해 줄 얘기가 있나요?

본인 스스로를 의심하지 말았으면 좋겠습니다.

정리: 미래 건축 전문가로 성장하려면 어떻게 해야 하더라?

건축 전문가란 건축 분야에 상당한 지식과 경험을 가진 사람을 뜻한단다. 건축 프로젝트는 긴 시간에 걸쳐 막대한 비용과 많은 사람들이 투입되기 때문에 각 분야 전문가의 역량에 따라 결과가 매우 크게 달라질 수 있고 그래서 윤리의식과 함께 전문가의 전문성이 매우 중요한 분야야.

하지만 선배 전문가들이 가르쳐주는 방식대로만 일을 하다 보면 현재 건설산업의 문제점인 낮은 생산성 문제를 결코 극복할 수 없어. 그래서 미래 건축 전문가는 건설산업의 디지털화에 관심을 가지고 여러 정보의 디지털화, 그리고 디지털화된 정보를 활용할 수 있는 능력이 있어야 해. 그리고 보다 더 좋은 계획을 수립하고 사람들을 움직여서 불필요한 낭비형 활동을 줄일 수 있어야 한단다. 즉, 미래 건축 전문가는 높은 윤리의식과 지식을 갖춤과 동시에 현재의 방식을 개선하고 생산성을 향상시킬 수 있는 방법에 대해서도 늘 깨어 있어야 하는 것도 잊어서는 안된단다.

그러면 생각해 볼 만한 유망한 전문 분야는 어떤 것이 있을까? 제일 쉽게 생각할 수 있는 분야는 스마트 건축 분야와 녹색 건축 분야야. 스마트 건축은 BIM을 중심으로 한 정보화 기술과 4차 산업혁명 기술을 건축에 접목하여 고성능 주택과 시공 효율성을 향상시키는 기술이라 할 수 있어. 이미 대형 시공사들을 중심으로 디지털전환, 인공지능, OSC, 로봇 기술팀이 속속 생기고 있고 전문성을 키워가고 있으니 이 분야에 관심 있는 미래 건축 전문가들에게는 좋은 기회가 될 것이라 생각해.

녹색 건축은 건축물을 짓고 사용하는데 들어가는 에너지와 탄소 배출을 최소화하는 기술로, ESG 경영에서도 중요하게 언급되는 기술이야. 특히 건설산업에서 배출되는 이산화탄소는 전체 배출량의 3분의 1 정도를 차지할 정도로 높기 때문에 탄소배출을 줄일 수 있는 다양한 공법과 장비, 자재, 관리 기술의 개발이 필요하단다.

전문성을 키워 미래 건축 전문가가 되기 위해서는 어느 시점에서 빠르게 나와 잘 어울릴 것 같은 전문 분야를 선택하고 지속적으로 흥미를 가지고 더 높은 지식과 이해를 얻기 위해 꾸준히 노력하는 것이 중요해. 가장 전망이 좋은 전문 분야를 고르기는 어려운 일이지만 충분히 좋은 전문 분야를 고르는 것은 어렵지 않잖아? 내 선택을 믿고 전문성을 키우기 위한 지속적인 노력을 하다 보면 어느새 전문성이 있는 분야가 생기게 될 거야.

전문가는 특정 분야의 지식과 경험을 동시에 갖추었을 때 될 수 있어. 협업에서 업무를 수행하면서 쌓는 경험과 별개로 대학 졸업 이후에도 지속적인 지식 습득과 창출 노력을 기울여야 하는 것을 잊지 마.

여러 선배들의 조언도 책에 담고 있으니까 미래 건축 전문가들은 곱씹어 볼 필요가 있어.

해외사례: 핀란드의 하텔라 시스템

핀란드의 하텔라라는 회사는 수도 헬싱키 인근에 있는 건축 프로젝트관리(Project Management, PM) 회사란다. 15년 전쯤 알게 된 회사로 당시 직원이 80명 정도였으니 규모는 그리 크지 않았어.

이 회사의 사업은 기획 단계에서 수행하는 워크플레이스 플래닝인데, 발주자와 논의를 통해 왜 발주자가 건축물을 원하는지 이해하고 발주자의 사업 모델과 주변 상황을 조사해서 발주자의 의도를 충족시킬 수 있는 적절한 스페이스 프로그램을 도출해. 예를 들어 발주자가 직업학교라면 학교에서 어떤 활동들을 하는지, 향후 지역에 학생들 수는 어떻게 변화할 것인지, 직업학교 교육은 앞으로 어떻게 바뀔 것인지를 몇 개월에 걸쳐 조사한단다. 그리고 워크플레이스 플래닝 방법을 사용해 적절한 스페이스 프로그램을 도출하고 발주자와 상의해 조정하는 거야.

이 작업이 이루어지면 하텔라는 설계사를 선정하고 설계사가 만든 설계안이 스페이스 프로그램 의도에 맞게 되어 있는지 일일이 체크하고 설계안 변경을 유도한단다. 그리고 설계가 종료된 후에 실제 시공 단계에 들어가면 발주자와의 협의를 거쳐 사업관리 업무[53]를 수행해.

하지만 미래 건축 전문가들에게 하고 싶은 얘기는 하텔라의 비즈니스 모델이 아니라 사업 전문성을 유지하는 방식이야. 하텔라의 사옥 건물은 주로 1층과 2층으로 구성되어 있는데 1층은 PM 업무를 하는 사람들 40명 가량이 사용하고 2층은 이들의 업무를 지원해 주는 컴퓨터 프로그램을 만드는 사람들 40명 가량이 사용한단다.

그러니까 1층에 있는 사람들이 고객을 만나면서 내부에서 만든 프로그램을 가지고 업무를 수행하다가 불편함을 느끼면 2층에 알려줘. 그러면 2층 사람들이 프로그램을 개선하고 때로는 연구 과정을 거쳐서 새 기능을 개발하기도 하는 거지. 이렇게 하텔라는 내부 기술개발로 업무 생산성을 혁신적으로 높이고 지속적이고 조직적인 방법으로 전문성을 향상시키고 있는 거야.

현업을 충실히 이행하면서 개선 사항을 지속적으로 발굴하는 것, 그리고 연구 개발을 통해 새로운 도구와 지식을 창출해서 업무 전문성을 향상시키는 것, 이것이 미래 건축 전문가가 경험과 지식을 모두 갈고 닦는 선순환 구조가 아닐까?

---

53) 우리나라 감리 중심 업무와는 차이가 있음

참고문헌

| 1장 |

- 건설기술진흥법(법률 제19967호, 2024. 1. 9., 일부개정)
- 건설산업기본법(법률 제19591호, 2023. 8. 8., 타법개정)
- 건축물관리법(안)제정방향 설정을 위한 공청회(2017.9), 건축공간연구원
- 건축사시험 관리 시스템(https://exam.kira.or.kr/)
- 공공건설산업 선진화 방안(2016.8), 국토교통부
- 국가자격시험(Q-net), 한국산업인력공단(https://www.hrdkorea.or.kr/)
- 박선구, 권주안(2021), 이코노컨스트럭션, 대한건설정책연구원
- 박훈(2024), 건설활동이 제조업에 미치는 파급효과 분석, KIET 산업경제
- 시공책임형 CM 공공시범사업의 성과와 법제화 공청회(2018.7), 국토교통부
- 중대재해 처벌 등에 관한 법률(2022.01.27. 제정)

| 2장 |

- 건축물 해체계획서 작성 및 검토 매뉴얼(2024), 국토교통부·국토안전관리원
- 김태완(2014), 핀란드의 공간사용률 분석 기법 워크플레이스 플래닝, 지방자치
- 시설물의 안전 및 유지관리에 관한 특별법(2024.07.17. 일부개정)
- 이정원(2016), 설계업무 프로세스, 2016년 공용재산취득사업 실무자 교육 자료
- 조달청 나라장터(http://www.g2b.go.kr/)

• 총사업비 관리지침(기획재정부훈령 제770호, 2025. 2. 19., 일부개정.)

• 한국EMS협회(http://www.bems.or.kr/)

| 3장 |

• 라인홀드 니부어(2017), 도덕적 인간과 비도덕적 사회, 문예출판사

• 미국건축사협회(https://www.aia.org/)

• 벤트 플루비아(2023), 프로젝트 설계자, 한국경제신문

• 서울대학교 건설기술연구실(2020), 건설관리개론, 구미서관

• ENR(2015), Which Project Delivery System Yields the Best Results?

| 4장 |

• 국토교통부(2022), 적정 공사시간 확보를 위한 가이드라인

• 건설산업연구원(2025), 건설동향 브리프 제1019호, 2025. 8. 14

• 린건설협회(https://leanconstruction.org/)

• 프로젝트관리협회(https://www.pmi.org/)

• 프로젝트관리협회(PMI)(2021), PMBOK 가이드

| 5장 |

• 김동목, 홍희승 (2021), 건설 장비의 스마트 기술 트렌드 및 스마트 건설의 이해, 융합연구리뷰

• 김태완(2022), DfMA: 새로운 건축생산방식에서의 새로운 도전, 건축

• 국토안전관리원(https://www.kalis.or.kr/)

- 류정민(2020), 건설인 관점에서 보는 드론기술, The BIM
- 머니투데이, '건설 로봇' 시대 온다… 무인 자율 건설장비, 시장판도 바꿀까, 2024. 1. 13
- 미국건설산업연구소(https://www.construction-institute.org/)
- 산군(2022), 스마트 건설 기술을 활용한 국내외 콘테크 스타트업 10, 산군 인사이트, 2022. 6. 10
- 서종원, 강태경, 최창호 (2020), 건설장비 자동화 및 관제기술, 건설관리
- 영국 RIBA(https://www.riba.org/)
- 조종우, 김태완(2024), 건축 현장정보모델링: 립서비스 프리콘을 탈피하기 위한 핵심, 건축
- 한국로봇산업진흥원(2021), 스마트 건설을 선도하는 건설로봇 동향

| 6장 |

- 건축분야 산업별 역량체계 개발 보고서(2024), 국가직무능력표준(https://www.ncs.go.kr/index.do)
- Workforce Singapore(https://www.wsg.gov.sg/)

| 7장 |

- 강영철, 김태완 (2021), 4차산업기술을 바라보는 산업과 학계의 인식 차이, 건설관리
- 대한건설정책연구원(2020), '디지털 경제' 가속화에 따른 건설산업 혁신 방안, RICON 포커스

• 미국건설산업연구소(https://www.construction-institute.org/)
• 삼정KPMG 경제연구원(2021), 미래의 건설산업, 디지털로 준비하라, Issue Monitor
• 셰릴 샌드버그 (2013), 린인, 와이즈베리
• 앤젤라 더크워스 (2019), 그릿, 비즈니스북스
• 한국생산성본부(https://www.kpc.or.kr)

건축이 궁금한 너에게

펴 낸 곳 서해원(인천대학교 출판부)
펴 낸 이 이 인 재
저 자 김 태 완 · 박 경 모

초판1쇄 인쇄 2025년 12월 1일

출판등록 제2009-000010호(2006년 2월 9일)
출판부장 윤 영 돈
주 소 22012 인천광역시 연수구 아카데미로 119(송도동)
학산도서관(중앙관) 1층 103호
전 화 (032) 835-9420
팩 스 (032) 835-0730
인 쇄 처 좋은사람들OSP
I S B N 979-11-89007-31-7(93540)
정 가 25,000원

서해원 은 인천대학교 출판부의 또 다른 레이블입니다.
이 이름은 두 가지 한자어에서 비롯된 중의적인 명칭입니다.
첫째, 西海源은 '서해를 품은 도시 인천'이라는 지역적 정체성을 바탕으로, 인천대학교 출판부가 인천 지역 지성의 근원이 되기를 바라는 뜻을 담고 있습니다.
둘째, 書海苑은 '글의 바다 속 정원'을 의미하는 시적 표현으로, 광활한 글의 바다에서 독자들이 깊이 있는 사유와 풍요로운 지식을 꽃피울 수 있도록 책이라는 정원을 가꾸겠다는 출판부의 지향을 나타냅니다.
'서해원'은 누구나 자유롭게 글의 바다를 탐색하고 사유하며, 잠시 쉬어갈 수 있는 정원 같은 출판 공간을 꿈꾼다는 의미도 함께 지니고 있습니다.
이 레이블의 명칭은 인천대학교 동북아국제통상학부 안주한 학생이 제안하였습니다.